TSUKUBASHOBO-BOOKLET

暮らしのなかの食と農――56

TPP＝アベノミクス農政
批判と対抗

田代洋一
Tashiro Yoichi

筑波書房ブックレット

目　次

はじめに ……………………………………………………………………… 5

Ⅰ．いま改めてTPPの本質を考える …………………………………… 8
1．日米合意（4月12日） ……………………………………………… 8
日米合意の3つの内容……8　／　unilateralとは……11　／　日米合意の結果……12
2．TPPへの途を振り返る …………………………………………… 13
日米構造障害協議……14　／　「新しい帝国主義」の時代……15　／　オバマの登場とTPP……15
3．マレーシアからブルネイへ ……………………………………… 18
交渉参加の条件——秘密交渉……18　／　TPP交渉……19　／　日米二国間協議……22
4．TPPは何をもたらすか …………………………………………… 23
TPPの影響（①農林水産業　②食品の安全性　③医療　④金融・保険　⑤政府調達）……23　／　ISDS条項……25　／　ISDS付きのTPPに参加することの意味……27
5．TPPの本質—多国籍企業vs.国民— ……………………………… 29
企業の脱ナショナル化……29　／　多国籍企業による共通市場の確保……32　／　TPPの本質——多国籍企業vs.国民……34
まとめ ……………………………………………………………………… 35

Ⅱ．アベノミクスと「攻めの農業」 …………………………………… 36
1．「攻めの農業」の位置 ……………………………………………… 36
「攻めの農業」への道……36　／　アベノミクス……38　／　アベノミクスにおける「攻めの農業」……41

2．農業・農村所得倍増戦略——ほんとうに所得倍増？ ……………… 44
　　所得倍増戦略……44　／6次産業化——誰のための6次産業化？……
　　…46　／輸出倍増戦略——どこに輸出する？……49　／生産コストの
　　低減……50
　3．農地中間管理機構と規制緩和 ……………………………………… 52
　　農地中間管理機構のアウトライン……52　／農地中間管理機構の問
　　題点……53　／企業の農地取得の促進……57
　4．語られていない問題点—生産調整と直接支払い— ……………… 58
　　生産調整をどうするのか……58　／日本型直接支払いについて……59
　まとめ ……………………………………………………………………… 64

Ⅲ．持続可能な農業・農村をめざして ……………………………………… 65
　1．農業・農村の状況 ……………………………………………………… 65
　　TPPをめぐる世論と選挙……65　／公党の農協攻撃など……67　／農
　　業構造の変化……71
　2．農業・農村の課題 ……………………………………………………… 74
　　新規就農支援……74　／集落営農（法人）化……77　／「人・農地プラン」
　　の取組み……79　／農協の課題……82　／農業委員会の課題……85
　まとめ ……………………………………………………………………… 88

あとがき ……………………………………………………………………… 94

はじめに

　2013年4月末にブックレット『安倍政権とTPP─その政治と経済─』を出版しました。そこで「賞味期限は2013年7月下旬の参院選まで」としましたが、この間、4月のTPP参加事前協議に関する日米合意、7月末の参院選挙、そしてTPP交渉参加と、事態は大きく動きました。

　なかでも参院選は転換点でした。その直前、横浜でのある会合で中堅作家の方が「戦後は終った」と話されました。戦争を知らない世代が多数を占めるようになったからという理由です。精神科医・中井久夫は、「戦争を知る者が引退するか世を去ったときに次の戦争が始まる例が少なくない」としています[1]。

　お話を聞いて私は、「まだ戦後は終ってはいないぞ」と思いました。私の「戦後」は「55年体制」に重なります。「55年体制」とは、野党・社会党は政権を獲れない万年野党だが、自民党もまた改憲に必要な2/3は獲れないという、ある種の政治的「均衡」状態です。

　しかし参院選後の全参議院議員に対するある新聞のアンケートでは改憲賛成が3/4に達しました。衆院は既に改憲派が2/3以上ですから、議員個人レベルでは改憲可能な時代に入ったわけです。参院選をもって確かに「戦後」は終わりました。

　次の国政レベルの選挙は3年後です。それを衆参同日選挙にして引き続き自民党が勝てば、最短でも6年の長期政権が見通せます。政治の一寸先は闇ですが、政権としてはそういう長いスパンを見すえ、憲法改正というゴールをめざして、着々と「この国のかたち」を変えようとしています。

安倍政権は、前回、政治やイデオロギーから入って失敗したので、今度は経済から入りました(2)。アベノミクス、TPP、「攻めの農業」はその走りです。アベノミクス成長戦略は結局のところ輸出依存であり、輸出のためにはTPP。TPPは確実に日本農業を潰し、それは自民党の農村基盤の崩壊につながりますから、農政が正念場になります。これがタイトルの「TPP＝アベノミクス農政」の含意です。

　自民党の農林族等もTPPに反対しています。それはそれでがんばって欲しい。しかしまさに「TPP反対」とアベノミクス農政（農業・農村所得倍増戦略）で圧勝したのが今日の自民党政権です。農林族がもっと強大だった時代にも農産物自由化はなされ、自民党はそのアフターケア農政を講じることで農村をつなぎとめてきました。今回も同じパターンを狙っています。

　小選挙区制下の今日、首相、官邸の力は隔絶的に強まりました。その下で、結局、最後は「批准には反対する」程度で、それもいざ批准となれば党議拘束をかけられて終わりでしょう。

　TPPに反対する側は「脱退」を掲げています。運動論として私も賛成です。しかし「脱退」は客観的には政権打倒と同義であり、その受け皿が問題です。世論調査ではTPP賛成が依然として多数を占めています。

　TPPの成否は予断を許しませんが、アメリカはTPPの成否に覇権国家の将来をかけており、TPP成立を優先するでしょう。そのアメリカに日本の政財界はすがりついています。

　本書はこのような客観状況をみすえながら執筆しました。その目的は、改めてTPPの本質とそこからの対抗軸を考える、TPP＝アベノミクス農政の展開に備える、の二点です。

　TPP交渉は年内決着をめざしてブルネイからインドネシアへと続

きます。10月には消費税引き上げか否かの決断がなされます。11月末は「農林水産業・地域の活力創造プラン」で「攻めの農業」が具体化されます。その意味で情報の「賞味期限」は短いですが、今回は上記の目的に即して射程を長くとったつもりです。

その構成は以下の通りです。

第Ⅰ章では、TPPをとりあげます。TPP論議はもううんざりという気もしますが、そう思ったら負けです。TPPについてはようやく反対の輪が拡がってきましたし、たくさんの論評があります。日々刷新される情報のなかでそれらの屋上屋を重ねるより、TPPの本質にたちもどってその対抗軸を考えたいと思います。

第Ⅱ章では、アベノミクスの柱としての「攻めの農業」を取り上げます。「攻めの農業」自体は過去の参院選用ですが、首相じきじきの農政論として今後の農政の基調をなします。そこには選挙向けに饒舌に語られていることと、語るのを避けていることがあります。その両面を見ていきます。

第Ⅲ章では、「限界農業」化する農業の現実に対して、「農業の持続可能性」をどう確保するか、とくに秋から攻撃が強まる農業団体のあり方に焦点をあてました。

新聞情報の利用に当っては、「日本農業新聞」は「日農」、その他は「朝日」等に省略させてもらいます。年号の入っていないのは2013年です。

現場をみない「外から」「上から」の論議が多いなかで、できる限り農村の現実を踏まえることに務めました。しかしその具体を述べる場ではありませんので、「注」の形で参照願いました。注は必要に応じてみていただくだけで結構です。

Ⅰ．いま改めてTPPの本質を考える

　TPPについては多くのことが語られてきました。しかし４月の「日米合意」は日本にとってのTPP交渉の意味の再考を迫っています。それはTPPが、TPPと日米FTAの二重過程ということです。そこでは日米の利害対立が際だっています。そこからTPPを国益・GDPのレベルで把握する論議が多くなりますが、果たしてそれでよいのか。TPPを「多国籍企業vs.国民」というレベルで把握したいと思います。

１．日米合意（４月12日）

日米合意の３つの内容

　2013年３月15日、安倍首相はTPP参加を正式表明し、４月12日、TPP参加の条件である各国との事前協議に関する日米合意がなされました。関連する主な文書は、佐々江賢一郎駐米日本大使の書簡とそれに対するマランティス米通商代表（USTR）の返書、日本の内閣官房TPP政府対策本部の「概要」、USTRプレスリリースの添付資料（「日米協議の概要」と「非関税措置の概要」の二種類］）の三種があります。

　このうち書簡は日米同じ内容で、これが正文とされています。そこでは冒頭から日本が参加するに当っては「2011年11月12日にTPP首脳によって表明された「TPPの輪郭」において示された包括的で高い水準の協定を達成していくことになることを確認」したとされています。その「TPPの輪郭」には「包括的な市場アクセス」で「関税並びに物品・サービスの貿易及び投資に対するその他の障壁を撤廃する」と書かれています。関税撤廃と非関税障壁の撤廃、要するに究極の自

由化、国境の廃止がTPPの前提です。

　両国書簡の最後には「日本には一定の農産品、米国には一定の工業製品というように、両国とも二国間貿易上のセンシティビティが存在することを認識しつつ」と書いていますが、USTRの「概要」はこの点を無視しました。日本側はそれに不満ですが、実は「TPPの輪郭」では「センシティビティ」という言葉は「政府調達分野」について使われているだけです。書簡は先の日米首脳会談に配慮したリップサービスに過ぎません。

　問題は日米がそれぞれに公表した「概要」で、これは大きく食い違っていました。項目的には、日本は関税以外の自動車関係、かんぽ生命での自らの一方的妥協については触れず、前述のようにアメリカは農産品をセンシティビティ（重要品目）扱いにするという日本側の最大の関心事を無視しました。

　そのことについて日本のマスコミやTPP反対陣営は大騒ぎしましたが、USTRの「概要」は冷静に成果を自己宣伝しています。

　USTRは交渉結果を三つの範疇に分けています。すなわち①二国間協議の結果（bilateral consultation）、②日本の一方的決定（unilateral decision）、③TPPとの並行協議（parallel bilateral, negotiation）の三つです。

　①はアメリカの自動車関税の最長期間維持（10年とも20年ともいわれます）、日本の自動車の非関税措置の緩和、保険での対等な競争条件確保、全物品を交渉対象とすることです。とくにアメリカの自動車関税の扱いは米韓FTAのそれを十分に上まわることと念押しされています。

　先の２月22日の日米首脳共同声明にも、また日米書簡にもあるように、「両国ともに、二国間貿易上のセンシティビティが存在すること」

を認めましたが、アメリカの自動車についてはセンシティビティを認め、日本の農産品については無視しました。

アメリカの自動車関税維持については、日本自動車工業会（トヨタの豊田社長が会長）の反応は、アメリカの業界の激しい要求に比べて弱いものでした。現に日本の自動車のアメリカ輸出は好調で、円安のために業界の営業利益はリーマンショック前に戻っています。それに対してアメリカの自動車業界、下院は、為替操作の禁止⁽¹⁾、円安防止を盛り込むことまで要求しています。

日本はアメリカの自動車関税の継続を認めたら、その見返りとして、日本の農産物関税の継続を認めさせるべきでした。それが妥協の均衡を図る通商交渉というものです。日本は絶対に譲れない一線を譲ってしまい、切るべき外交カードを緒戦で切り尽くしてしまいました。

TPP交渉の行方は既にこの時に決りました。

②は輸入自動車特別取扱制度（PHP）の拡大、かんぽ生命の新あるいは変型ガン保険、独立して操作可能な（stand-alone、すなわち単品での）医療保険の不許可です。PHPは、「サンプル車の審査を経ずに、国内規準に適合することを証明するだけで輸入を認めている」もので、立ち会いなしの1カ月の書類審査で済みますが（毎日2月23日）、これを現行の年間輸入台数が2,000台以下の車種から5,000台以下の車種（each vehicle "type"）に拡大するものです。これによる輸入拡大がどれくらいになるか分りませんが、相当量になるはずです。

③は「TPP交渉で十分に取り上げられない論点については二国間・並行の仕組（bilateral, parallel mechanism）で話し合われ、TPP交渉終了時までに完了する」とされています。その内容はUSTRの「非関税措置の概要」で詳述されており、保険（日本郵政との対等性）、透明性（政府審議会への参加等）、投資（合併・買収機会の改善、社

外取締役の役割強化)、知財(著作権、技術的保護手段、地理的表示保護原則、商標権保護等)、規格・規準(国際標準の受け入れ)、政府調達(入札プロセスの改善)、競争政策(公取の操作・審決・抗告プロセス)、国際急送便(日本郵政のそれの対等な競争条件)、衛生・植物検疫(食品添加物のリスク評価の加速・簡素化、農薬、牛肉のゼラチン・コラーゲンの食用への解禁)ですが、最後に「両国政府の合意があれば、これ以外の問題も追加できる」としており、要するに何でも二国間交渉の対象にできるというブラックボックスです。たとえTPPでとりこぼしがあっても二国間協議で万全を期せる。これでは日本は何でTPPという多国間協議に参加したのか分りません。

unilateralとは

　②については、私は2月22日の日米共同声明の「両政府は……TPP交渉参加に際し、一方的に(unilaterally)全ての関税を撤廃することをあらかじめ約束することを求められるものではないことを確認する」の"unilaterally"の意味がよく理解できませんでした。これは安倍首相が「聖域が確保された」とする決定的な文言です。それが今回の②でやっと分りました。

　すなわち"unilateral"は"bilateral"(二国間協議)の対語で、「協議によらない一方的な」「相互的(互恵的)でない片務的な」という意で、英和辞書の例では「一方的軍縮」「片務契約」等として使われています。つまり無条件降伏の「白旗」のようなもの。確かに②は正式の往復書簡には含まれておらず、例えばかんぽ生命については、麻生財務相が交渉に先立って決めたことです。しかしUSTR「概要」は「日本が一方的に決定した」「日本が一方的に報じた」こととしつつ、堂々と「戦果」に加え、事実上のbilateral化しています。

他方で、日本政府の「概要」は②には触れていません。我々がそれにクレームをつけると「日米協議の合意ではないから当然だ」と開き直るでしょう。しかしそれはたんなる形式論理です。島国の国内だけで通用する官僚話法に過ぎません。

日米合意の結果
　かくして合意文書で、日本はアメリカに①をとられ、②を一方的に言わされ、あまつさえ③まで義務づけられ、それに対して日本は何一つとれなかったわけです。通商交渉とは前述のように一つを取れば一つを譲歩する互譲性をもつのが通常だとすれば、これは対等の合意文書というより無条件降伏文書、朝貢目録の謹呈に他なりません。
　このような日本の交渉力欠如に、アメリカ豚肉業界は「めまいがするほどうれしい」そうですし、豪・カナダ・EUも自動車関税の継続を主張し、ニュージーランドも加えて「全品目交渉」を主張しました。最終的には各国とも日本の参加を認めたわけですが、対米の緒戦に敗れた日本は総崩れ状況です。
　こうなると安倍首相に残る「成果」は「日米同盟強化」の一点のみです。そのために集団的自衛権も申し出ました。しかしアメリカは、アメリカの戦争に日本がはせ参じる集団的自衛権なら歓迎しますが、日本が中国と事を構えるためにアメリカを引っ張り出そうとする集団的自衛権などはた迷惑な話で、今はTPPでアメリカに従うことが最大の日米同盟強化だと聞き流し、逆に「中韓と事を構えるな」と釘を刺しています。安倍首相はアメリカという「虎の威」を借りて中国に立ち向かい、日米でTPPを仕切るつもりでしたが、「虎」に食われてしまったというのが落ちです。
　なお石破幹事長は、日米合意に際して、「コメなどを死守する」と

発言した趣旨を問われて、「関税死守」とは口が裂けても言わず、「国内で、持続的な生産が可能であるということだ」と答えたそうです（日農4月16日）。つまり暗に関税に代わる措置（直接支払い）しかないというわけです（第Ⅱ章）。

　日米合意はTPP交渉が表裏二重の過程であることを明らかにしました。すなわち一面は参加国によるmulti-nationalなTPP交渉、もう一面はTPP交渉に先立ち、あるいはそれと並行しつつ、終点を同じくするbilateralな日米交渉（日米FTA）という面です。この面が②を伴い、かつ事前協議に終らず③で並行協議されることになったわけです。

　後者をもって「TPPとは日米FTAだ」という理解もありますが、それは一面的です。アメリカはTPPをエサに積年の二国間協議上の懸案を一掃しようとしています。TPPをテコにして初めて日米FTAが可能になる、日米FTAがTPPに流し込まれているという関係です。

２．TPPへの途を振り返る

　日米合意が「二国間協議という関門を通じてTPPへ」という道筋を鮮明にした今、TPPは長い日米関係のなかでみていく必要を感じさせます。それはアメリカの世界戦略、そのなかでの日本の位置付けに関わります。

　アメリカの世界戦略は、①1980年代までの冷戦帝国主義の時代、②1990年代のポスト冷戦グローバリゼーションの時代、③2001年9月11日の同時多発テロに始まる新保守主義・「新しい帝国主義」の時代、④そして世界経済危機を経てオバマ大統領が登場する時代、と変化してきました。

日米構造障害協議

　①は、アメリカを先頭とする「冷戦帝国主義」の時代でした。資本主義世界は日米経済摩擦等の深刻な内部矛盾をかかえつつも、社会主義体制との冷戦を遂行するためにアメリカの下に団結していました。後述するようにアメリカ原籍の多国籍企業も、冷戦遂行という建前の下には「国益」を無視した行動はとりづらい時代でした。日本もまた、経済摩擦はあったものの（あったからこそ）アメリカの「不沈空母」（中曽根首相）としての地位を固めました。

　②は、1989年の日米構造障害協議をもって始まります。93年には日米包括経済協議に名称変更され、94年〜2009年まで年次改革要望書が取り交わされ、政権交代後の2010年からは日米経済調和対話が始まります。またUSTRは1974年から「外国貿易障壁報告書」を議会に報告していますが、それは在日米国商工会議所をはじめ各業界団体の要求を集大成したものといえます。

　日米協議の始まった1989年といえば、東欧を皮切りとして奇しくも冷戦体制の崩壊が始まった年です。ソ連という正面の敵、封じ込めの対象が消えてしまい、世界経済は市場経済に一元化し、「グローバリゼーションの時代」がやってきました。

　それはまず「アメリカ覇権の下でのグローバリゼーション」という形をとりました。「アメリカ覇権」と「グローバリゼーション」は本来矛盾しますが、アメリカは「金融情報帝国主義」として金融資本をはじめとする「ニューエコノミー」と「新自由主義」を謳歌しました。そのアメリカにとって最大の警戒対象は、今やソ連ではなく経済力でアメリカに迫りつつあった日本になりました。日本を日米同盟にしばりつけつつ、その経済力を徹底的に削減し弱体化させる。それが日米構造障害協議を初めとする一連の「協議」「対話」体制だったと言えま

す。

　日本のTPP参加もまたこの延長で捉えられるかも知れません。それが「TPP＝日米FTA」論です。しかしそれでは、にもかかわらずなぜ日米FTAが成立しなかったのかという疑問を解くことは出来ません。TPPはやはり独自の歴史的文脈で捉えられるべきです。

「新しい帝国主義」の時代

　③の時代、2001年9月11日の同時多発テロがアメリカを襲います。アメリカはテロとの「戦争」という名目で、アフガニスタン、イラクを侵略し、武力によってイスラム経済を潰して市場経済化し、中東石油支配を追求しました。新保守主義が支配し、アメリカはどんなライバルの出現もゆるさず、単独行動主義をとりつつ、「2地域で同時に戦争遂行できる体制」をとりました。それを「新しい帝国主義」と呼ぶ人もいます[2]。

　2005年、日米財界人会議が日米「両国間のあらゆる経済活動を網羅する包括的で戦略的な経済連携協定」（FTA、その日本版としてのEPA）を提起しました[3]。アメリカ単独行動主義に日本の経済力を取り込むのが主眼だったと言えます。

　しかし戦争遂行と海外での「略奪的な蓄積」はアメリカ国内の実物経済の力を弱めていきます。2000年前後からのアメリカは、IT・株バブルから住宅バブル、そしてサブプライム危機へと突入し、相次ぐ金融バブル経済化とその崩壊を招き、その間にアジア太平洋地域における中国の経済的台頭を瞬く間に許してしまいました。

オバマの登場とTPP

　④の時代、すなわちオバマ政権への「チェンジ」はこのような事態

のなかで起こりました（2008年末）。オバマは当初、グリーン・ニューディールを追求し、核のない世界をめざし、「チェンジ」を感じさせ、日本の政権交代を引き起こす一因にもなりましたが、その傾向は長くは続きませんでした。

　その後のオバマ政権の基本スタンスは次の通りです。①「米の外交政策においては、アジア・太平洋地域が最も重要な地域である」。②「世界的に見て最も主要な戦略的発展を遂げているのは中国である」、「中国が一世代のうちに世界で二番目に影響力を持つ国家へと発展していく」、③「弱い国内経済に基づく米外交政策は、最終的には失敗と評価される。世界で指導力を再構築するためには、国内の経済を立て直すことである」[4]

　もはやアジアにおける最大のパートナー・ライバルは日本ではなく中国であり、戦略上の重要地域は太平洋であり、2地域で同時に戦争できる体制から2020年までに軍事費を削減しつつ米海軍軍艦船の比率を太平洋、大西洋6対4に変更し、ともかく経済力をつける。対中国関係は、対ソ関係のような体制間冷戦関係ではなく、同じ市場経済の土俵で覇権国家争いをする関係です。このような100年におよぶ覇権国家交代期にあって最重要なのは経済力であり、誰がグローバルスタンダードの制定者になるかです。

　TPP自体は2006年に4カ国のそれ（P4）から始まり、それにアメリカ等が加わり9カ国となり（P9）、さらにカナダ、メキシコ、そして日本が加わるという経過をたどってきました。アメリカ政府は、ブッシュ政権時代の2008年2月にTPP交渉入りを議会に通知し、日本にもTPP参加を呼びかけました。アメリカの参加動機は、P4が2年後には投資や金融も交渉対象とすることに着目したものとされています。

　このようにTPP参加に踏み切ったのはブッシュですが、それを新た

な段階（アジア・太平洋時代）のアメリカの世界戦略の要に位置付けたのはオバマです。2013年2月にオバマ政権を去ったキャンベル国務次官補は「米日関係を活性化し強化するために最も役立つのは、対話の強化ではなく、安全保障問題に一層の重点を置くことでもない。両国の経済関係をより強化し、競争と連携にさらすことだ」（朝日2月9日）といいます。また同じ立場のリッパート国防総省次官補は「TPPは重要だ。（アメリカの）『アジア回帰』に関しては、安全保障面に大きな関心が寄せられているが、実際に政治と経済が中心の戦略なのだ」（同5月29日）と同様の趣旨を述べています。

このようなアメリカにとって、最も不評なのは日米安保の相対化、東アジア共同体を唱えた鳩山内閣であり、最も好評なのは野田内閣です。菅内閣はTPP参加をぶちあげ、安倍内閣はTPP交渉に踏み切りましたが、日米同盟強化のためのTPPという捉え方はアメリカにすればピント外れでした。安倍首相がいくら集団的自衛権を強調してアメリカにすり寄っても、アメリカは容赦なく経済要求を突きつけてくるわけです。それに日米同盟のために致し方ないなどと妥協していたら「アンポのツケを経済で返させる」アメリカの策略にはまるだけです。

アメリカの対中戦略を対立・連携のいずれか一方のみで捉えるのは間違いです。状況によりいずれもありですが、米中の対立が強まれば日本は軍事的肩代わりを迫られ、連携が強まれば軽視されます。そう考えれば、日本は自立した外交・通商戦略をめざす必要があります。そのきざしが垣間見えたのが鳩山・小沢の小鳩内閣ですが、それ故に嫌われて早期挫折しました。

以上のように見てくればTPPは、日米FTAであると同時に、それには解消されないアメリカの世界戦略に基づくものと結論づけられます。

3．マレーシアからブルネイへ

交渉参加の条件――秘密交渉

　日本はTPPのマレーシア会合の終盤の7月23日に交渉参加しました。参加に当たっては秘密保持契約を結びました。日本の他のEPAにも守秘義務は課されていますが、書面で了解を得れば解除できます（朝日7月26日）。それに対してTPPの場合は「内容は一切、公表してはダメ」「日本から情報流出したことが分れば『即退場もあり得る』」（讀賣7月26日）、「どこの国がどう言ったか、それにどう答えたかは話をしないことになっている」（日農7月27日）。両方とも甘利TPP担当相の言です。

　具体的にはどういうことか。この点は、ニュージーランドのシンクレアTPP首席交渉官（現在は駐日大使）が同外交交易省の公式サイトで明らかにしています（2011年11月29日）。前ブックレットで紹介したことをくり返しますが、①交渉テキスト、政府提案、説明資料、交渉内容に係るメール、その他交渉に係る交換情報は、参加国が同意しない限り秘匿される、②公文書の提供は政府職員、その他の国内協議に参加する必要な者に限られる、③公文書にアクセスできる者はその他の者と文書を共有できない、④公文書はTPP発効後4年間、発効しない場合は最後の会合から4年間は秘匿される、とされています。

　「合意した協定の内容は公開される」（日農8月7日）そうですが、国会批准にあたり協定文が上程されることは手続き上当たり前のことで、その時ではもう遅いのです。国民は、なぜそういう協定文になったのか、各国はそこにどんな思惑を込めているのか、それに対して日本はどう対処しようとしたのかを一切知らされません。

　秘匿の理由は「率直かつ生産的な議論をするため」「交渉をスムーズ

に進めるため」とされています。しかしそれだけなら少なくとも④は余計でしょう。政府関係者は、WTOのドーハ・ラウンドで「情報を開示しすぎて各国の国内で反対にあい、合意作りが難しくなった」としているそうです（朝日８月20日）。要するに「国民に公開して失敗した、国民に知らせるな」ということです。利害関係企業には知らせるが、一般国民の知らないところで交渉する——この反国民性がTPPの本質です。

　参加にあたっての条件はもう一つあります。それは2012月６月にカナダ、メキシコが参加したときに付された条件で、既参加の９カ国（「P9」）が合意した条文は全て受け入れ、P9が合意しない限り再協議はなし、将来ある交渉分野（章）を完成させるためにP9が合意することには拒否権をもたず、交渉分野（章）の追加・削除はできない等です（日農2012年６月20日）。これは参加に先立って書簡として送付されたと言うことで、日本については参加時に守秘義務に署名したことのみが報じられていますので、このような条件付与の有無は分りませんが、国による取扱いの違いは考えにくい。あるいは既に交渉の場では不文律化しているのかも知れません。

TPP交渉

　前述のように日本はマレーシアでの交渉の最後に参加、次がブルネイで８月22〜30日、その次がインドネシアで10月４〜８日に閣僚級会議、首脳会合、そこで基本合意の予定です。直近のことは新聞報道に詳しいので、本書では基本的な点のみを確認します。

　①交渉の進捗ですが、全29章のうち14章は実質合意しているそうです。８月23日、閣僚会合が共同声明を出しました。そこでは交渉は「最終段階」にあり、「年内妥結に努力」、10月のAPECがその「重大な節

目」になるとしました。未解決の分野として、物品の市場アクセス（関税）、投資（ISDS）、金融サービス、政府調達（入札など）、競争政策（国有企業など）、環境、労働、紛争解決等が挙げられています。知的財産ではアメリカが新薬の特許期間の延長を主張、環境ではアメリカ、オーストラリア等が漁業補助金の削減を主張し、日本と対立しているようです。

　他方でアメリカは日本との関税交渉の影響を分析する国内手続を口実に、オーストラリアは総選挙を口実に、日本との二国間協議を９月に先送りしました。

　年内妥結を強調しながら、日本との交渉は遅らせる――私は前から「アメリカは日本を絶対にTPPに参加させるが、交渉・ルール作りには参加させない」と指摘してきましたが、それがいよいよ明らかになりました。朝日（８月23日）は政府関係者の声として「他国との交渉を終らせたうえで、日本には年内妥結のタイムリミットをちらつかせ、譲歩を迫る戦略ではないか」としています。

　本書はブルネイで大した進展なしという予想で書き始めましたが、前述の懸案事項で進展を見たのは政府調達程度のようです。そこでアメリカは９月に首席交渉官会合を呼びかけ（18〜21日）、これが山場になります。来年の中間選挙を控え、アメリカは年内妥結に必死です。

　②物品の市場アクセスはまず二国間交渉（バイ）から始まります。アメリカは前から既に締結されている二国間FTAは再協議せずTPPにもちこむ態度であり（砂糖等の関税は守る）、TPPをFTAの束と考えているようです。またアメリカは10月時点で一部の交渉分野だけを先行合意する案も打診しています。そうなると分野横断的な駆け引きの余地が少なくなり日本には不利になります。

　日本は自由化率80％〜85％程度のオファー（すぐに関税撤廃、時間

をかけて撤廃の品目リストの譲許表提示）から入るとされています。それに対してカトラーUSTR次席代表は来日の際に「日本に包括的なオファーの提示を求めていく」としています（朝日８月10日）。またフロマンUSTR代表は「85％は最初のステップとしてはいいが、我々はもっと野心的な合意を目指している」としています（同８月23日）。彼は日本の農産品５品目の「聖域」扱いに理解を示したような報道もなされていますが、リップサービスの範囲でしょう。

　最終的な自由化率については、日経は以前から98％を予測しており、讀賣はこれまでのFTAのケースでは95％以上が多いとしています。日本の関税品目は9,018、農産品の重要５品目を関税撤廃した場合の生産減少額の大きい順に並べますと、米58品目（全体の0.6％）、豚肉49（0.5％）、牛肉51（0.6％）、牛乳乳製品188（2.1％）、砂糖131（1.5％）、麦109（1.2％）で、合計は586品目、6.5％になります。この全てを関税撤廃しなければ自由化率93.5％ですから、95％でも一定部分を、98％なら相当部分を切り捨てざるをえません。

　現実には米、麦といった大くくりの品目丸ごとではなく、その中をさらに篩いにかけていくことになるでしょうし、米の関税品目は58ですが、主食用は６〜８品目なので、その他の加工用米の関税引き下げに応じて、主食用を守るという説も報道されました（日経７月１日）。

　いずれにしても自由化率がせりあげられるにつれ、日本はどの品目を選択するかの決断を迫られますが、政府としては「自由化率を決められてしまったので、ゴメンネ」で済ますでしょう。

　③日本では自民党の『J-ファイル2013　総合政策集』で、農産品重要５品目の「聖域」確保、自動車等の数値目標を受入れない、国民皆保険制度を守る、食の安全・安心規準を守る、ISD条項は合意しない、政府調達・金融サービスは日本の特性を踏まえる、これらの「聖域

（死活的利益）を最優先し、それが確保できない場合は、脱退も辞さない」としました。衆参両院の農林水産委員会も同様の国会決議を4月にしました。「聖域」は農産物だけでなく、6項目全体を指します。ところが強調されるのは農産物のみで、政府は交渉全体について「聖域」を農産品のみに限っている節があります[5]。

　このことは農業分野とその他の非関税障壁の関係分野を分断させかねません。農業での「聖域」に固執すれば、他分野での莫大な譲歩を求められることになります。あげく農産品の「聖域」も守れなかった、その他は「聖域」の主張さえしなかったということになりかねません。

日米二国間協議

　忘れてならないのは日本はTPPと並行して日米二国間協議がなされることです。こちらは2〜3週間に1回のペースとされていますので、急ピッチです。これは自動車と非関税措置にわけて交渉し、自動車については透明性（安全・環境規準）、流通（販売店網のあり方）、財政優遇措置（軽自動車の税制）、非関税措置では食品の安全基準、保険、知財等の9分野です。

　保険は日米合意の「一方的措置」で問題になった日本郵政関係です。日本郵政とアメリカンファミリー生命保険（アフラック）は7月26日、日本のTPP参加を受けて、業務提携を発表しました。日本郵政がアフラックのガン保険を売る郵便局数の拡大、直営店での販売、アフラックの日本郵政用ガン保険商品の開発というものです（朝日7月27日）。先の日米合意における日本の一方的措置で新商品の発売を禁じられた日本郵政は、なんとアフラックの売り子に転じたわけです。

　TPP関係者は「これで保険分野でごちゃごちゃ言われなくて済む」としたそうですが（同）、全く甘かった。アメリカは「提携は1社の

１商品だけが対象。われわれは全ての企業に同じ土俵がもたらされるよう希望する」(同８月10日）と要求を緩めていません。アメリカは日本郵政が完全民営化（政府株売却）まで許さないでしょう。あるいはそれは口実で、次から次へとアメリカ資本の販路拡大を狙ってくるでしょう。

なお政府は遺伝子組み換えの表示を今回は議論しなかったことに関して「守秘義務を理由に具体的な協議内容をほとんど明らかにしなかった」（同）と報じられています。TPP交渉に守秘義務があることは前述しましたが、TPP交渉でもない二国間交渉にも「守秘義務」が持ち出されるのは、おかしなことです。

４．TPPは何をもたらすか

TPPの影響

①農林水産業

TPPに参加したらどうなるかは既に詳しく論じられているので[6]、主な点を簡単に述べます。

関税撤廃の最大の影響を受けるのはやはり農業です。政府は日米合意に際しての政府統一見解で、農林水産物の減少額は３兆円としています。

「TPP交渉参加からの即時脱退を求める大学教員の会」は、減少額3.5兆円、関連産業のも含めた減少額11.7兆円、その結果GDP全体も▲4.8兆円（1.0％）に及ぶと試算しています。同会の試算（土居英二氏等）は、都道府県別の生産額減少、関連産業・GDPへのマイナスの波及効果、一部農業所得の減を明らかにした画期的なもので、とくに県別試算は地域から待望されていたものです。

さらに政府は、関税撤廃した場合の農業の多面的機能の喪失を４兆

円弱としていました（2007年2月）。関税撤廃になれば、元から関税が低く関税撤廃の影響の少ない野菜・園芸作等への生産シフトが起り、そこでの過剰や過当競争という「将棋倒し効果」も引き起こされます。

前述のように環境保護の名目で漁業補助金も禁止されるでしょう。

②食品の安全性

現状では遺伝子組み換え食品等の表示制度の廃止といった極端な要求はでていないそうですが、アメリカ業界は次のような要求をしています。遺伝子組み換え食品表示の厳格化に反対（骨抜き化）。牛肉の輸入月齢は既に20カ月齢以下から30カ月齢以下に緩和されましたが、月齢制限そのものの撤廃。乳製品等の食品添加物の認証手続の迅速化・簡素化（要するに拡大）。ジャガイモ等の残留農薬基準の認証手続きの迅速化（最大残留許容値の拡大）。前述のゼラチン、コラーゲンの食用への解禁。防カビ剤（発がん性の懸念）の認可手続簡素化（朝日8月30日等）。

③医療

TPPで医療保険制度の民営化、混合診療を認めることはないとされていますが、それは形式論で、〈医薬品・医療機器の価格引き上げ→公的保険財政の悪化→公的保険給付の内容劣化・範囲の縮小→混合診療の拡大→公的保険のさらなる負担増・株式会社医療の解禁・民間医療保険の増大〉というプロセスを経て、実質的・なし崩し的な解体が進むでしょう。

④金融・保険

アメリカ金融資本主義のターゲットは金融・保険分野ですが、ノンバンクや消費者金融の規制緩和、事前協議・二国間協議の主対象である、政府が株を所有するゆうちょ・かんぽ生命の事業制限、法人税等の優遇措置がある共済（組合保険）の民間とのイコールフッティング

（同一条件化）を通じて、経済的弱者向けの金融・保険分野の制度破壊と外資進出が進みます[7]。

⑤政府調達（国や自治体の物品購入や公共事業）の入札規準の引き下げを通じて、この分野にも外資が進出しやすくし、また地域経済の維持活性化のために地場企業を優遇する措置がとれなくなります[8]。政府調達に限りませんが、マレーシアはマレー人優先の「ブミプトラ（土地の子）」政策をもっていますし（朝日7月25日）、アメリカにしても「バイアメリカン」の地域内・国内調達優先政策があります。今のところ、政府調達に地方政府も含めるかは決っていないようですが、次のISDS条項を用いれば、それも可能になるでしょう。

地域経済への影響も大きいですが、最大の狙いはアベノミクスの国土強靭化に伴う大規模公共投資への参入です。

以上の事例は、たんにTPPにより外部から押し付けられるだけでなく、後述するように小泉構造改革やアベノミクスの柱である規制緩和を通じて、例えば郵政民営化とか混合診療の増大とか、国内からも推進が図られているものでもあります。

ISDS条項

包括的な影響として最も大きいのは投資協定、そのなかのISDS（Investor-State Dispute Settlement、投資家と国家の紛争解決）条項です。その法案内容はもちろん公表されていませんので、これまでアメリカが結んだFTA（NAFTA、カナダ、メキシコとの北米自由貿易協定、米韓FTA等）、アメリカの二国間投資条約等から類推されてきましたが[9]、2012年6月にウエブサイトに投資の章がリークされ、それをアメリカのNGOパブリックシチズンが分析したものが翻訳されています[10]。とくに国際法はわれわれ素人には過度に抽象的で理

解できませんが、これにより輪郭を把握できます。

　①ISDSとは外国の投資家（個人・法人）が、投資先の国の「新たな」（new）政策・法律等が彼等の期待利益を損なう場合に、その国の法律に基づいてその国の裁判に訴えるのではなく、外国の裁判機関（後述）にその国を提訴でき、勝訴した場合には莫大な補償金を獲得できるというシステムです。

　（外国の）企業なり個人が投資先・居住先の国内で起きた問題についてその国の裁判に訴えるのは通常のことですが、それをしないで外国の裁判機関に訴えることができる、その意味で外国投資家が国の司法等の主権に優越するのが制度の根幹的な性格です[11]。これはTPP以前から存在する投資にまで適用されます。パブリックシチズンは「新たな」法律等としていますが、既存の法律に基づいて「間接収用」（後述）を新たに執行した場合には、ISDSの対象になりうるのではないでしょうか。

　②具体的には、政府調達、公益事業の運営契約、土地活用政策、政府所有の土地の天然資源の利権、知的財産権、資本規制、デリバティブのような金融商品規制、金融取引税の使用等が対象になります。公衆衛生・安全・環境・福祉・健康・消費者保護も「ある状況のなかで間接的収用になりうる」とされていますので、要するに「何でもあり」のブラックボックスです。これまでのISDSでは環境・健康・運輸政策等が訴えられています。

　とくに「間接収用」という英米法の概念が用いられています。間接収用とは経産省の定義では「所有権等の移動を伴わなくとも、裁量的な許認可の剥奪や生産上限の規定など、投資財産の利用やそこから得られる収益を阻害するような措置も収用に含まれる」というものです。要するに不動産に対する「直接収用」に対して、期待利益獲得機会に

対する「間接収用」ということで、上記に関わる国内政策が当てはまります。これまでのアメリカが関わる賠償金事例の7割は天然資源と環境に関する「公正衡平な待遇」に係るもので、収用関係ではないようです。しかし最近ではたばこ包装規制法（オーストラリア）やエコカー補助金制度（韓国）とかが槍玉に挙がっています。

　③利用される国際仲裁機関は件数の半数以上がアメリカが主導権を握る世界銀行傘下の投資紛争解決国際センター（ICSID）の扱いですが、ICSIDは「その仲裁裁判を自国の裁判所の確定判決とみなし」[12]、上訴は認められません。これは外国での裁判を「自国の裁判所」でのそれとみなす、加えて「確定判決とする」という二重の司法権侵害です。その「裁判官」は企業弁護士との間を行き来しており、企業、国が各1名を選出し、その2人がもう1人を選ぶことになっていますから、人選的にも企業寄りです。

　④法律家は、ISDSが国内法改廃を直接に命じることはない、原状回復等も金銭賠償支払で代替可、執行義務は金銭賠償義務に限定と強調しています[13]。国内法改廃を直接に命じることは属国に対してでもない限りもとより不可能ですが、訴えられた国は莫大な訴訟費用がかかり、敗訴すれば莫大な賠償金を支払わされます。それが政府の措置を「抑制する」とされています。賠償対象となることを恐れて国は「新たな」規制をあらかじめ自己抑制してしまうわけです。韓国では「萎縮」効果とよばれているようですが、多国籍企業にとっては「予防効果」です。

ISDS付きのTPPに参加することの意味

　ISDSは多国籍企業に国内法を無視する権利を与えるものですから、憲法が定める国民主権の否定と捉えられています。とくに「TPPに反

対する弁護士の会」は、憲法78条「すべて司法権は、最高裁判所及び法律の定めるところにより設置する下級裁判所に属する」に抵触すると批判しています。確かに司法権が外国の「裁判機関」に委ねられるからそういえます。

それに対しTPP擁護論は憲法では条約が法律に優越することになっているから主権侵害ではないと反論します。それは、憲法98条は、第1項で「この憲法は、国の最高法規であって、その条規に反する法律、命令……は、その効力を有しない」としているのに対して、第2項の「日本国が締結した条約及び確立された国際法規は、これを誠実に遵守することを必要とする」を盾にとっています。

しかし憲法を素直に読めば、98条が言っていることは、「憲法は国の最高法規だから、**憲法に違反する条約は結べない**。憲法に違反しない限りで結ばれた条約は遵守する」ということだと思います。TPP擁護論は、「まず初めに条約ありき」という転倒した議論です。国民・国家主権を侵すISDSが入ったTPPは憲法上も結べません[14]。いわんやISDSは論争の最中にあり、「確立された国際法規」とはいえないでしょう。

問題があるのは、日本がこれまでに結んだ投資協定やEPA（日本版FTA）のほとんどにISDSが入っていることです。対途上国向けのISDSは構わないが、アメリカ等とのISDSは憲法違反というのは、加害者になるのはいいが、被害者になるのはイヤといった身勝手というものでしょう。

ISDSは1950年代からの古いものですが、問題の根源は、17世紀以来の主権国民国家概念とグローバリゼーションの現実との矛盾、経済的なグローバリゼーションの時代に、そこでの経済的利害を裁くグローバルな制度が整備されておらず、アメリカや多国籍企業に好都合

な制度が幅をきかせていることです。そういう国際社会が納得するグローバルな制度ができるまではISDSはやめるべきでしょう。

このISDSにはTPPの本質が凝縮されているように思われます。そこで最後にその点をみていきます。

5．TPPの本質─多国籍企業vs.国民─

企業の脱ナショナル化

先にTPPでGDPはマイナスになるという試算を紹介しました。国の試算でもTPPの10年後のGDP＋効果は3.2兆円、0.66％に過ぎません。内訳は消費3兆円、輸出2.6兆円、投資0.5兆円です。輸出は自動車等ですが、それに対して輸入は農産物を中心に2.9兆円。TPPは国内投資効果がほとんどなく、輸出よりも輸入効果の方が大きい。

国論を二分するような激論の果てのGDP効果がマイナスあるいはたった3兆円というのは、トヨタ1社の営業利益が2兆円に迫る時代ですから、割りにあわない話です。これではそもそも日本の財界がTPPにやっきになる理由が分りません。安倍首相とともに財界までが「日米同盟強化のため」という大義名分でも追求するのでしょうか。

ここで注意すべきは、政府の統一見解（試算）は、そもそも「関税撤廃の効果のみを対象とする仮定（非関税措置の削減やサービス・投資の自由化は含まない）」とされている点です。ところが以上にみてきたようにTPPの効果は物財貿易ももちろんですが、主としてサービス・投資におかれているのです。肝心のその点を外した試算は、ほとんどTPPの効果を示すものではありません。

前ブックレットで図示しましたが、2012年の日本の国際収支は、経常収支4.8兆円、貿易収支▲8.4兆円、サービス▲2.5兆円、所得収支14.3兆円です。貿易収支は物財貿易、所得収支は海外投資からの純益

図1　自動車の国内生産比率

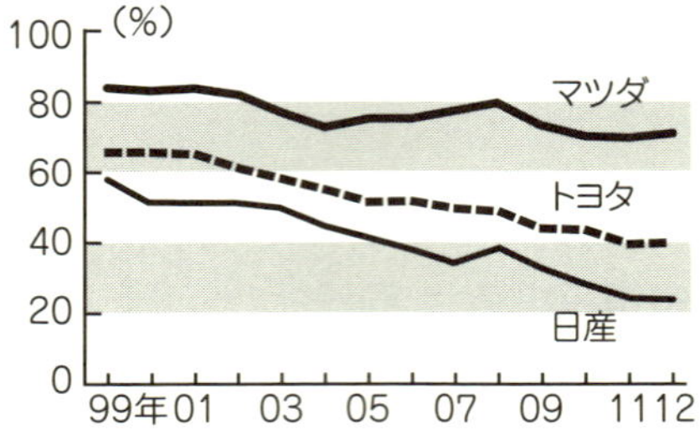

注：朝日新聞2013年8月28日による。

です。トレンドとしては貿易収支は黒字から赤字に転落、サービス収支はマイナスですがその幅は小さくなってきています。そして所得収支のみがプラスでかつプラス幅が拡大しています。

　ちなみにアメリカの2010年についてみると、貿易収支は▲6,459億ドル、その他サービス収支は1,384億ドル、所得収支は1,652億ドルです。日米でサービスの±の差はありますが、傾向としては同様にサービス収支と所得収支が伸びています。つまりTPPを通じてサービスと所得収支の部分を伸ばす点で、日米の利害は同一方向をむいているのです[15]。

　日本は遅れて多国籍企業化しましたが、その海外生産比率は、サブプライム危機で一時ダウンしたものの海外進出企業ベースで32％に及んでいます。現地法人従業者数も523万人と500万人を超えました（「第42回海外事業活動基本調査（2012年7月調査）概要」）。

　なかでも輸送機械は38.6％と高い水準に達しています。主要各社の国内生産比率の推移をみたのが図1です。トップのトヨタは国内生産に力をいれていましたが、それでも2012年の海外生産台数は60.0％（ただし2013年はタイやインドの販売が落ち込んだと言うことで、海外比率を54.8％に落しています。円安で輸出による営業利益が大きくなることもあるでしょう）。内外が逆転したのは2007年です。内訳はアジ

ア49％、北米33％、ヨーロッパ９％です（『トヨタの概況2013』による）。

　『朝日新聞』の「限界にっぽん」は６月３、17日号で「雇用空洞化」の実態を伝えています。そこでは経営トップが海外に出た例としてHOYA、サンスター、ベネッセ、本社機能や事業の一部を海外に移した例として三井化学、三菱化学、日本郵船、パナソニック、旭硝子、三菱商事、日立製作所、日産自動車をあげています。

　進出企業の多くは現地・地域内での調達・販売が圧倒的です。「グローバル化を徹底するには結局、ローカル（現地）化」というタイ日産の言葉を伝えています。いまやmade in Japanからmade by Japanの時代です。先にみた所得収支の増大は、このようなグローバル化の結果です。TPPはこのような方向を推し進め、ISDSはそこで海外投資利益を確保するのが目的です(16)。

　こうなると「日本国内でどれだけ付加価値を生産したか」という「GDP（国内総生産）」概念自体が相対化されてしまいます。アベノミクスの「骨太方針」はわざわざ「参考」として「GNI（国民総所得）」概念を示しました。〈GNI＝GDP＋海外からの実質所得純受取＋交易利得・損失〉です。これまでは「諸国民の富」（A.スミス）すなわちGDPがいわば「国益」でしたが、made by Japanの時代にはGNIこそが「国益」、いや多国籍企業にとってそもそも「国益」という概念がなくなったといえます。

　先に政府試算から投資収益等が欠落している点を指摘しましたが、その理由はここにあります。多国籍企業が前述のように投資権益の確保をめざして海外進出を強めていけば、国内産業の空洞化をもたらし、国内雇用を減らし、GDPを減らしかねないからです。

　サスキア・サッセンはグローバル資本がネットワークを結ぶニューヨーク、ロンドン、東京等のグローバル・シティは、その背後にある

地域・国民経済から切り離され「脱ナショナル化」することを指摘しています[17]。前述のように冷戦体制下では多国籍企業といえども「国益」を無視した行動はとりがたかった。冷戦を遂行することは軍産複合体としての多国籍企業にも利益であり、その限りで国家への「遠慮」がありました。しかし冷戦体制が解体した1990年代以降は、多国籍企業は誰はばかることなく、「国益」を無視して私益を追求できるようになりました。グローバル・シティの前に多国籍企業自らが「脱ナショナル化」したのです。

　このようなグローバル化、多国籍企業化、産業空洞化は地域経済を直撃します。彼等が海外で稼いだ「所得」は海外で再投資されるか、日本のグローバル・シティに送金されて、株式配当、内部留保、海外再投資され、一部は大都市経済を潤し、こうして日本の地域経済格差を決定的に推し進めます。これが政府統一見解（試算）でもTPPで国内投資がたった0.5兆円しか伸びなかった理由でもあります。こうしてGDPレベルでの地域格差に加えて、GNIレベル格差が重畳することになります。

多国籍企業による共通市場の確保

　それに対して「グローバル化の時代にあってもモノ、カネ、あるいは情報と比較して人の動きは格段に緩慢」で、そこに「国家の意外にしぶとい生命力」があるともされています[18]。国民（領土内に住む人びと）は資本よりはるかに定住的であり、その生活に係わるドメスティック（内需）産業があり、国土から離れられない、その意味でも最もナショナルな農林水産業があります。グローバリゼーションの時代になお「国民国家」の存在意義があるとしたら、それはそのような国内定住的（ドメスティック、ナショナル）なものの利益を守ること

でしょう。

　しかるにTPPのISDSの標的は、まさにそのような国民を守る国民国家の機能です。アメリカは、保険、金融、政府調達、医療、投資自由化等で、先のISDSを最終的な突破口として海外市場を切り拓こうとしています。それに対してTPPにおける日本の「攻めの分野」は貿易ルール、知財、投資、金融サービス等、「守る分野」として農産物、食品安全、地方政府調達、郵政・共済、環境（日経５月24日）ですが、「攻めの分野」はアメリカのそれとピタリ一致します。

　日本の規制改革会議、アベノミクスの「日本復興戦略」は「民間が入り込めなかった分野で規制・制度改革と官業の開放を断行」「保険診療と保険外の安全な先進医療を幅広く併用」と混合医療の促進をうたっていますが（第Ⅱ章）、それはアメリカの日本に対する要求と軌を一にしています。アメリカと日本の規制改革会議は日本の規制緩和に関して「二人三脚」を組んでいます。

　つまりアメリカ政府や多国籍企業が日本に要求している分野は、実はそれによって日本の公共財・準公共財市場（医療・教育・福祉等の「官製市場」）がこじ開けられ、その分野に対する民間資本の参入が自由化されれば、日本の財界の利益にもなります。それは公共財市場のみならず規制緩和一般に及びます。外圧を利用して国内の「構造改革」（規制緩和）を断行し、財界のビジネスチャンスを拡大するのは、とくに橋本・小泉・安倍内閣のお家芸です。

　かつてハーヴェイは、このような面を「新しい略奪による蓄積のメカニズム」と呼びました[19]。すなわち「知的財産所有権の強調」「世界の遺伝子資源の恣意的な集積」「新たな共有地囲い込み」「共有財産権（国家による年金、福祉、国民健康保険への権利）が私有の領域に移されること」等々。それを世界大に拡大しようとするのがISDSの本

格導入でしょう。

TPPの本質——多国籍企業vs.国民

　ISDSは多国籍企業が国民国家を訴えることのできる権利です。その面からTPPを「資本対国家」の権力構造としてとらえる見解もあります[20]。しかし国家が多国籍企業と対立するのは、国家が健康・環境・安全といった国民の権利を守る限りでのことです。

　他方で国家は、これまでみてきたように多国籍企業が共通市場を確保するためのエージェントとして機能しています。内外多国籍企業はそれぞれの国家を使って彼等の共通市場を確保した上で、今度はその配分をめぐって熾烈な競争を展開します。現在のTPP交渉は、各国原籍の多国籍企業の利害をバックとした国家間の通商交渉として展開しています。

　その点で日米の国家には迫力の差があります。アメリカは覇権国家として〈多国籍企業利益＝国益＝世界の利益〉という建前で個別多国籍企業の利害を臆面もなく主張してきます。それに対してアベノミクスは「世界で企業が一番活動しやすい国」などといっていますから、アメリカにとってはよだれの出るような話でしょう。TPP交渉でも日本のアメリカへの要求は、公共事業の入札開放（アメリカでは13州が外国企業の参入禁止）ぐらいしかありません（朝日8月25日）。

　TPPをそういう国家vs.国家、あるいは資本vs.国家として捉える見方もありますが、その本質は多国籍企業vs.国民です。通商交渉でも具体的マンデート（本国指令）を出すのは国家よりも個別企業です。とするならばTPPをめぐる戦いも「国益」といった言葉にまどわされず、いかに国民全体の戦いにしていけるかが鍵だと言えます。

　くり返しますが、TPPの主局面は関税撤廃よりも非関税障壁の撤廃

におかれています。その意味ではいかに影響力が大きいとはいえ農業が主局面ではありません。しかしTPPの真の狙いは何かといえば、それはアメリカンスタンダードもグローバルスタンダード化する突破口にする、そのためにいかにナショナルなものを突き崩すかです。その意味で最もナショナルな農業が狙い撃ちされているのです。しかし国内定住的な国民もまたナショナルな存在です。そこに農業と国民をつなぐ鍵があります。その対立を国家の次元で捉えると、安倍流ナショナリズムにとらわれかねません。あくまで内外多国籍企業vs.各国民の見地が必要です[21]。

まとめ

　本章で強調したのは、第一に、TPPには、日米二国間協議の延長としての「日米FTA」と、それを実現し普遍化するためにもTPPという形を取らざるを得ないという二面があるということです。日本はTPPに加えて日米二国間協議の二重の重荷を背負わされることになります。

　第二に、グローバリゼーションの時代は多国籍企業にとってはサービスや所得収支（海外投資収益）が重要で、もはや「国富」はGDPでは表されない。GDP＝国益の面からのみTPPの効果を争っていたのではTPPの本質を見失う。

　第三に、TPPは「国家vs.国家」あるいは「資本vs.国家」では把握しきれず「多国籍企業vs.国民」として把握されるべきであり、国家が国民を守る権利を制限するISDSは憲法違反であり、TPPに対する国民的な規模での反対が求められます。日本はいま、集団的自衛権をとってもTPPをとっても憲法レベルでの問題にぶちあたっているといえます。

Ⅱ．アベノミクスと「攻めの農業」

　第Ⅱ章ではTPP＝アベノミクス農政の第一弾ともいうべき「攻めの農業」についてみていきます。「攻めの農業」の特徴は、荒削りではありますが、首相の指示による、アベノミクス直結の、「上からの農政」であり、思い入れの強さとそれ故の強引さが身上です。「攻めの農業」は参院選用に打ち出されたものなので、都合の悪いことには触れていません。その第一はTPPとの関連であり、第二は米（生産調整）政策との関連です。両者とも直接支払い政策に関わります。それらの面もみていきます。

1．「攻めの農業」の位置

「攻めの農業」への道

　政権交代期の農政はクルクル変わっています[1]。確かに「戸別所得補償」とか「経営安定対策」とか、時々の政権党の面子からくる名称変更はありますが、その割に内容は似たり寄ったりというのも事実です。成長戦略のなかの農政、6次産業化、そして「攻めの農業」等がそれです。

　民主党初代の鳩山首相は「米軍常駐なき安保」を提唱し、小沢幹事長も「第七艦隊安保」（日米安保は第七艦隊だけで充分）論でした。その小鳩内閣が「基地は県外、海外へ」でアメリカの逆鱗に触れて[2]、退陣した後をおそった菅内閣は、日米同盟強化に舵を切り替え、その証文として「TPP参加交渉検討」を口走りました（第Ⅰ章の2でアメリカが既に2008年に日本にTPP参加を呼びかけていることを見ました。菅元首相は通産省官僚あたりにこのことをささやかれたのでしょ

う)。また「国民の生活が第一」という所得再配分・内需依存政策から新成長戦略に切り替えました。わざわざ「新」とつけていますが、「成長戦略」自体が高度成長期の発想です。当時の鹿野農相も「守備型から攻撃型」への農政転換を口にしました。

そして2010年11月のAPECでTPP参加表明とともに菅首相は「農業の再生と開国の両立という基本方針」をぶちあげ、「食との農林水産業の再生実現会議」を立ち上げました。この再生実現会議の第2回(2011年1月)に披露されたのが、「攻めの水田農業」「攻めの担い手」「攻めの農業者像」であり、2月には「中間整理」として「『攻め』の農業へ、5年間で加速」が打ち出されました[3]。東日本大震災を経て2011年10月には「我が国の食と農林漁業の再生のための基本方針・行動計画」が樹立され、土地利用型農業では今後5年間で平地で20～30ha、中山間地域で10～20haの経営が太宗を占める構造を目指すとして、そのための「人・農地プラン」の策定が打ち出されました。

つまり民主党の第二保守党化、成長神話の復活、自民党を上まわるような構造政策、そしてTPPと一体で打ち出されたのが「攻めの農業」です。

自民党政権に再交代後直ちに農水省内に「攻めの農林水産業推進本部」が設置されました(2013年1月)。「日米合意」直後の4月23日に農水省は産業競争力会議に「『攻めの農林水産業』の具体化の方向」を提出し、25日、自民党は「農業・農村所得倍増10カ年戦略─政策総動員と現場の力で強い農山村づくり─」を発表しました。参院選向け公約の大綱です。2013年5月、安倍首相は「成長戦略」スピーチの第二弾で「攻めの農林水産業」を強調しました。以上の流れを集大成したのが「日本再興戦略」(6月14日)、自民党「参院選選挙公約」、同「Jファイル2013　総合政策集」です。

自民党は民主党農政を「バラマキ」と批判してきましたが、「攻め」の方はちゃっかり受け継ぎました。なぜならそれはTPPとペアだからです。TPPで関税撤廃になれば日本農業はもたない。そこで自民党としても何らかの対策を打ち出さないと参院選１人区・農村票があぶない。これが安倍政権が「攻めの農業」に異常なほど力を入れた理由です。ですから「攻め」というより「責め」「逃げ」といった方が正確でしょう。

アベノミクス
　しかし自民党農政は、たんなる民主党農政の「いいとこどり継承」に尽きません。その経済戦略・アベノミクスの中にしっかり位置付けた点が違います。アベノミクスについては前ブックレットでも触れましたので、若干の補足をするにとどめます[4]。
　まず第一の矢・「大胆な金融緩和」ですが、アベノミクスは、金融緩和によるデフレ脱却・リフレ（緩やかなインフレ）と公共事業により景気回復を図り、そのうえで成長戦略による経済成長を確かなものにしようという戦略です。
　全ての出発点は日銀をねじふせての「異次元の金融緩和」ですが、これはマネタリー・ベース（民間部門の保有現金＋銀行の中央銀行預け金）を増やすことでマネー・サプライ（民間非金融部門が保有する通貨残額、現金＋預金通貨＋CD、現実に市場で流通するおカネ）を増やし、インフレを起そうというものです。日銀は、マネタリー・ベースを増やすために日銀券を増発して銀行所有の国債や投資信託を買い上げます。買い上げた場合には前述の「銀行の中央銀行預け金」（銀行が日銀にもつ口座の金額）が増えますが、銀行は民間設備投資等の資金需要がない限り、それを日銀口座にとどめおいて利子稼ぎを行ない

ますので、マネーサプライはマネタリー・ベースの増ほどには増えず、インフレにはなりません。実際にも企業は景気回復を信用しておらず設備投資はマイナスが続き、「投資するなら新興国へ」としています。かくして〈マネタリー・ベース増→マネー・サプライ増→インフレ〉とはなっていません[5]。現実の物価上昇は円安による輸入材の価格上昇によるもので、電気代、ガソリン、食料品をはじめ消費者を苦しめるだけです。

アベノミクスは〈インフレ→円安〉も狙っていました。実際にインフレが起きていないのにかなりの円安が進んでいます。実は円安は安倍政権の登場以前から海外の景気の持ち直し等で既に始まっていたことで、それにアベノミクスによるインフレ「期待」(「心理」)が加わったものとされており[6]、純粋にアベノミクスの成果とはいえません。輸出産業は自動車をはじめとして営業利益をサブプライム前の水準まで回復していますが、その輸出はドル建てのため、儲けたドルを円に換金すれば円表示の営業収益が伸びるという関係で、これまたアベノミクスとは無関係です。

日銀はマネタリー・ベース（日銀資産）を2014年末には270兆円まで増やすとしています。これはGDPの6割にも当たる量であり、アメリカの場合でも2割程度ですから、日本は国債暴落の不安におびえることになります（朝日5月17日）。

第二の矢である「機動的な財政政策」は、端的に大型公共事業ですが、第Ⅰ章でみたように日本は1990年代にアメリカから公共投資による内需拡大（アメリカからの輸入）を押し付けられ、2000年代にも小泉構造改革の一時期を除き、不況克服を輸出と公共投資に頼ってきました。アベノミクスは規制緩和等の点で小泉構造改革路線の継承者ですが、公共事業依存の点では異なり、小泉が「ぶっ潰したかった」伝

統的な自民党政策への復帰です。要するにアベノミクスは、デフレ脱却のためには、反ケインズ（新自由主義）的政策でも、ケインズ的な政策でも行なう「何でもあり」です。当面のデフレ脱却さえ果たせれば財政危機が起きようと「後は野となれ山となれ」ですが、「はじめに」に書いたような長期政権が成立すれば、その責任に直面せざるをえません。また大型公共事業は、第Ⅰ章でみたようにTPPの「政府調達」の項でアメリカが虎視眈々と参入を狙っている分野でもあります。

　最後の第三の矢の成長戦略がアベノミクスの本命ですが、それは1950〜60年代の高度経済成長の再現をもくろむものです。しかし当時とは時代環境は全く異なります。戦後高度成長期は重化学工業化（技術革新投資、量産化投資）という内実をもったものです。そこでは政府の政策は財政投融資等の制度やインフラの整備には貢献しましたが、高度経済成長自体は民間の力によるもので、政府の経済計画は後からそれを追いかけたに過ぎません[7]。それでなくとも新たな技術革新、産業構造の変革の種に乏しい今日、政府の手で政策的に高度成長を復活させるのは不可能です。

　アベノミクスの特徴は、第一に、1950・60年代の高度経済成長期の、何よりもまず「労働生産性」を高めるという「成長・生産性至上主義」・「成長神話」への復帰です。それが環境破壊、経済摩擦、経済格差をもたらし、そこから脱却することが21世紀経済の課題になっているのですが、「復興戦略」その真逆を突進する「復古」です[8]。

　第二に、そのために徹底した規制緩和・撤廃を行なうという新自由主義、小泉「構造改革」の継承発展です。一方で民間活力を重視しつつ、他方で民間の力を引き出すためにも国家権力が規制緩和を強行する。規制緩和の標的は社会保障や農業です。

　第三に、初期民主党政権では「国民の生活が第一」ということで、

国の所得再配分機能を通じて国民の所得を底上げし、内需を高めることで成長につなげる路線がかすかにみえました。コメ戸別所得補償、子ども手当、高校授業料無償化等々がそれです。それに対してアベノミクスは、まず企業の成長を優先し、そのおこぼれを国民に裾分けする路線で、国の所得再配分機能を通じる格差是正、福祉という視点は全く見られません[9]。福祉国家の最終的解体です。

　グローバリゼーション時代の日本の企業行動は、アメリカ流の企業・株主優先に加えて、利潤を内部留保する体質に転換しました。そこにメスを入れて再配分しない限り、国民の所得・内需・福祉は増進しません。それどころかアベノミクスは、企業減税と消費税引き上げ、生活保護費の引き下げ等で、国民から奪って大企業に回す「逆所得再配分」を追求しています。

アベノミクスにおける「攻めの農業」

　その無理な成長戦略が「日本再興戦略」です。それは「総論」と、「三つのアクションプラン」すなわち「日本産業再興プラン」「戦略市場創造プラン」「国際展開戦略」からなっています。何にでも「戦略」を付つけないと気が済まないようですが、ちなみに「戦略」とは『広辞苑』によると、そもそもは「各種の戦闘を総合し、戦争を全面的に運用する方法」という軍事用語です。

　「攻めの農業」は「総論」と、「戦略市場創造プラン」の「世界を惹きつける地域資源で稼ぐ地域社会の実現」で詳論されています。それは農業の「産業としての復興」ではなく、日本の農業・農村を徹底した規制緩和により「世界で企業が一番活動しやすい」「グローバル市場」にしていく、要するに「外資を農村に呼び込め」というものです。

　「総論」から見ていきますと、①目標として１人当たり国民総所得

（GNI）を10年後には150万円以上増加させる。②そのため「民間の力を最大限に引き出す」。すなわち徹底した規制緩和と「官業の開放」を断行する。③規制緩和の「突破口」として「戦略特区」を国家の「トップダウン」で設定する。④成長のための主要施策事例では、TPPをはじめ貿易のFTA比率を70％に高める、原発を再稼働しつつインフラ（原発）輸出を追求する、としています。「攻め」はこの④のなかの「農林水産業を成長産業にする」で語られています。

　以下①～④についてコメントします。

　まず①のGNIというのは、第Ⅰ章でみたようにGDP（国内で一年間に生産された付加価値）に海外からの純所得を付け加えたもので、日本企業が海外で稼いだものも含みます。以前はGNIもGDPも大差ありませんでしたが、後述するようにグローバル化のなかで両者が大きくかい離してきました。

　いずれも国全体としてみた〈勤労所得＋企業利潤〉であり、決して国民1人当たりの所得ではありません。それをあたかも国民の所得が倍増するかのように言いつくろうのが1960年の「国民所得倍増計画」以来のごまかしです。そして農業・農村所得の倍増のためには「企業参入の加速化等による企業経営ノウハウの徹底した活用」、6次産業化、輸出等を掲げています。

　②については、「医療・介護・保育などの社会保障分野や、農業、エネルギー産業、公共事業などの分野は、民間の創意工夫が活かされにくい分野」だったが、「そもそも民間が入り込めなかった分野で規制・制度改革と官業の開放を断行」する。「保険診療と保険外の安全な先進医療を幅広く併用」すなわちTPPで狙われている混合診療の国内からの推進、「農地中間管理機構」を整備して、農地集約の加速化、「企業を含めた多様な担い手の農業参入」を促進するとしています。

③は②の突破口です。自治体ではなく国家が率先して設定する点は、新興国等でもみられない国家権力の突出です。官邸主導で、大都市中心に外資系の進出、医療（外国人医師）、教育（インターナショナルスクールの独自教育）等が挙げられています。日経は「より重要なのはその矢を既得権層の抵抗の強い「本丸」に打ち込めるかだ。特区なら、農業委員会の農地取引への関与の廃止や公立学校の民間運営の解禁、混合診療の拡大など「岩盤規制」をどれだけ切り崩せるか」としています（6月24日）。また菅官房長官はお膝元の横浜・川崎で医療・介護等の分野の特区構想をあげています（朝日7月28日）。
　④は、「攻めの農業」が「TPP農政」に他ならないことを如実に物語っています。
　実は「復興戦略」と同時に「経済財政運営と改革の基本方針」（骨太方針）が決定され、こちらが「復興戦略」の元になっているのですが、そこでは農業について「新たな直接支払制度の創設」を柱にしており、「復興戦略」にもそのまま取り入れられています。しかし直接支払政策は一種の所得再配分政策にあたりますから、大きな政策矛盾を抱え込むことになり、財界・マスコミからは既に「バラマキ」批判が出ていて、その面からも実現は難しいでしょう（→4）。
　なお自民党は、前述のように4月25日に「農業・農村所得倍増目標10カ年戦略」を発表しました。そこでは「経営規模の大小や主業と兼業の別、年齢による区分なく地域総参加」と、「自給率・自給力の向上」がうたわれていました。前者は末期自民党政権が選別政策により農村票を失い、代わって登場した民主党政権が「小規模経営の農家を含めて農業の継続を可能」（民主党マニフェスト）を標榜し、「人・農地プラン」でも「一定規模を示して、それ以下を政策の対象から外すことを目的とするものではない」「意欲あるすべての農業者が農業を発展で

きる環境を整備」ともうたったことの残影があったのかも知れません。しかし今回の「攻めの農業」には、「地域総参加」も「自給率・自給力」も出てきません（選挙公約では「食料自給率・自給力の向上」が出てきますが）。アベノミクスの「成功」に自信をつけ、たった二カ月の間に及び腰を払拭し、TPPを押し立てて競争力強化、企業参入と輸出に邁進しようとするものです。

「復興戦略」の英文は"Japan is Back"です。しかし手元の英和中・大辞典を引いても"back"に「復興」という積極的な意味は読み取れません。首相は"back"をロンドンでも使い、英誌もそのまま使っていますので通用するのかもしれませんが、私には、首相と自民党のカンバック、そして古い高度成長時代、成長神話への復古としか受け取れません。復古＋TPP＝「攻め」です。

２．農業・農村所得倍増戦略──ほんとうに所得倍増？

所得倍増戦略

「復興戦略」や自民党の参院選公約は、先の「農業・農村所得倍増目標10カ年戦略」に基づいていますので、それも併せて具体的な数字を見ていきます。10カ年戦略とは2010年の現状に対する2020年の目標です（以下→で示します）。かならずしも分りやすいものではありませんが、イメージ図を図２に引用しておきます。

① 「10年間で６次産業化を進める中で、農業・農村全体の所得を倍増」
② 農業生産額（販売額）10兆円→12兆円、農業所得３兆円→？
③ ６次産業規模１兆円→10兆円、「６次産業化による農村還元分」は？
④ 世界の食市場規模340兆円→680兆円（ATカーニー社推計）

まず②ですが、細かく言えば2010年の数字は農水省『生産農業所得統計』からみてもサバをよんでいますが、それをおいたとしても、農

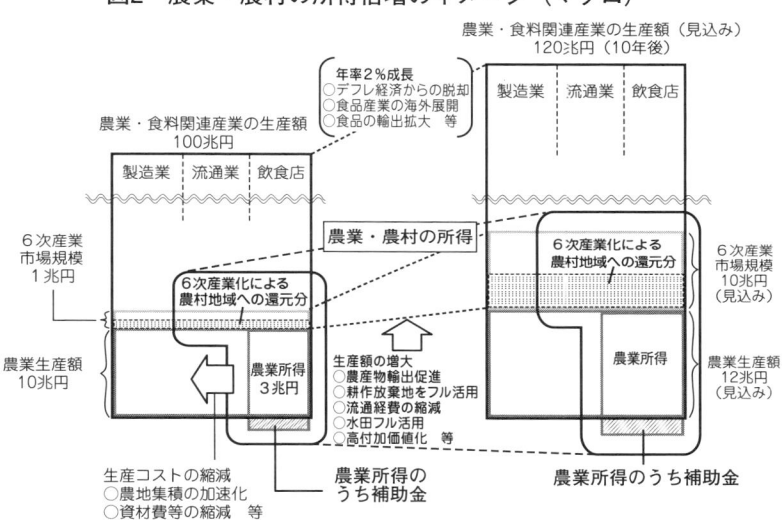

図2 農業・農村の所得倍増のイメージ（マクロ）

注：自民党農林水産戦略調査会：農林部会（2013年4月25日）に提出された「農業・農村所得倍増目標10カ年戦略」の添付資料。

業所得3兆円が倍増すれば6兆円になるはずです。しかし6兆円という数字はどこにもでてきません。2010年の農業所得率30％が不変だとすれば2020年の農業生産額12兆円の30％は3.6兆円。これでは農業所得は20％増しにしかならず、倍増（6兆円）にはほど遠い。これが具体的な数字を書き込めない理由でしょう。

6兆円と3.6兆円の差額の2.4兆円は、前述の「農業所得のうち補助金」で埋めるしかありませんが、その点も数字はブランクです。「直接支払い」については項を改めて検討します。

なお「所得倍増」は前述のように1960年の池田内閣の「国民所得倍増計画」のもじりです。これはGDPの「倍増」を言ったに過ぎませんが、国民は一人一人の所得が倍増すると真に受けた点がミソでした。

今回も「地域や担い手の所得倍増する姿」と「10カ年戦略」には書かれていますが、林農相は「農家個人ではない」「農業・農村全体の所得を増大させる」と事実上訂正しました（日農5月30日）。

④は輸出で世界の食市場の相当部分をとりこみたいという野心の表明でしょうが、データはATカーニー社というシカゴ拠点のコンサル会社のもので、そういうものに依拠すること自体に危うさを感じます。

なお、4月25日の「所得倍増計画」には、以上の他に数字が書き込まれたものとしては、△カロリー自給率50％、生産額ベース70％、△新規就農倍増（2万人、40代以下の農業従事者40万人）、△新規需要米等150万トン、大豆・麦の生産拡大、△飼料自給率40％（1.5倍増）、△加工・業務用野菜出荷5割増、△鳥獣害対策実施隊の倍増、が掲げられています。

6次産業化——誰のための6次産業化？

実は「復興戦略」「所得倍増戦略」の鍵は、上記①にみるように主として6次産業化であり、倍増も前述のように農業所得ではなく「農業・農村所得」であり、農村所得には「6次産業化による農村地域への還元分」が入ります。

国民の飲食費最終消費の構成をみると（2005年）、総額73.6兆円のうち国産農水産物は14.5％しか占めません。我々が食べ物に払うお金のうち農家の懐に入るのは15％しかなく、その他は食品流通業、食品製造業等にいってしまいます。農業所得がピーク時から半減するなかで、なんとか加工・流通過程での付加価値生産に食い込み、農業者の所得を増やしたい。これは農業の悲願です。

それに乗じたのが「復興戦略」ですが、第一に、6次産業の規模を1兆円から10兆円に10倍も増やすことは可能でしょうか。ここだけは

倍増ではなく10倍増です。第二に、6次産業化の「農村地域への還元分」のうち、どれだけが農業者の懐に入るでしょうか。

第一の点について、「復興戦略」は「成長産業化ファンドの本格展開や、異業種連携」「健康に着目した食の市場拡大」「食育」「新品種・新技術の開発・普及」等を挙げています。が、それでどうして市場規模を10倍に増やせるのか不明です。そもそも「農業白書」も指摘しているように、所得減、人口減、高齢化で食料の消費水準指数は1990年を100として2012年には84.2まで落ちているのです。「食の市場拡大」は現実的でなく、縮む市場を輸入、企業、農業者で取り合うのが現実です。

第二の点については、「10兆円の半分を農業が（残りは商業・工業が）取るとすれば、5兆円の3分の1、つまり1.7兆円が所得になる」という見方もあります（全国農業新聞8月16日）。これは新聞の推測なのか、「10カ年戦略」策定サイド（農水省？）から説明があったのか不明ですが、農業の取り分「半分」と所得率「3分の1」は希望的観測でしょう[10]。

問題は誰が縮む市場でシェアを伸すかという点に絡みます。農業者・農協等が6次産業化を担うのならいいのですが、「復興戦略」が強調するのは、第一の点にもみられたように、「企業参入の加速化等による企業ノウハウの徹底した活用、農商工連携等」です。

いま東日本大震災の津波等被災地には、カゴメ、IBM、サイゼリア、アイリスオーヤマ（園芸用品等）のような中央・地方資本が地元の企業化した農業生産法人等と組んで、さらにその下に農業生産法人を立ち上げるなどして、野菜工場や精米工場等に進出しています。それは資材から販路（スーパー、外食産業等）まで用意し、確かに農業者が実質的に下請け労働者として賃金を得る場には多少はなりますが、所

表1 これまでに設立したサブファンドなど（2013年6月7日現在）

サブファンド名（※）	主な出資構成	規模（総額）
1．地域ファンド（16）		
上野村活性化ファンド	上野村	10億円
さいきょう農林漁業成長産業化ファンド	西京銀行	10億円
東北6次産業化ブリッジファンド	七十七銀行	202億円
道銀アグリビジネスファンド	北海道銀行	30億円
肥後6次産業化ファンド	肥後銀行	10億円
北洋6次産業化応援ファンド	北洋銀行	30億円
いよエバーグリーン6次産業化応援ファンド	伊予銀行	20億円
えひめガイヤ成長産業化支援ファンド	愛媛銀行	20億円
おおいた農林漁業事業化支援ファンド	大分銀行	20億円
農林漁業産業成長化ファンド	静岡銀行	5億円
だいし食品産業活性化ファンド	第四銀行	5億円
ちば農林漁業6次産業化ファンド	千葉銀行など県内11行	20億円
ふくしま地域産業6次化復興ファンド	福島県、県内外8行	20億円
NCR九州6次化応援ファンド	西日本シティ銀行	20億円
東北6次産業化サポートファンド	青森銀行など東北地域内外5行	20億円
82アグリイノベーションファンド	八十二銀行	10億円
2．サブファンドへ出資するファンド（3）		
農林水産業ファンド	農林中金などJAグループ	100億円
農林漁業6次産業化ファンド	みずほコーポレート銀行	100億円
3．テーマファンド（2）		
ぐるなび6次産業化パートナーズファンド	ぐるなび	10億円
エー・ピーファンド	エー・ピーカンパニー	10億円

（※）サブファンド名は略称による（一部は仮称）。
注：「全国農業新聞」2013年6月14日より引用。

得のより多くの部分を農業サイドに確保する主体的な6次産業化とはいえません[11]。それが6次産業化の現実です。

　国は既に2013年2月に農林漁業成長産業化支援機構を設立して、その下で全国21の地域ファンドが立ち上げられています（**表1**）。ファンドは地銀や都市銀、県等が設立し、農業者と業者の合弁会社に、無利子で最長15年出資しますが、農業者も設立に必要な資金の1/4超を出資する必要があり、事業規模も億単位以上とみられており、大型の農業法人等に限定されます。例えば「ふくしま地域産業6次化復興

ファンド」（20億円）の場合、事業規模は億単位以上とされており、対象は大型農業法人等に限られます（全国農業新聞6月14日、日農7月7日）。ここにも6次産業化の実態がみえます。

　なお朝日は8月18日の一面トップで「官制ファンド乱立」として総資金4兆円に及ぶこと、財務省は国の借金は増えないと奨励しているが、損失が出れば国民に負担になることを指摘しています。資金力のない農林水産業についてはそのまま当てはまりませんが、そこでも実態は以上の通りです。

輸出倍増戦略──どこに輸出する？

　国内市場があやしいとなると、頼みの綱は輸出しかありません。「復興戦略」は第三の「国際展開戦略」で、「世界に冠たる高品質な農林水産物・食品」を「クールジャパン」と「日本食、食文化の海外展開」で輸出倍増し、1兆円に増やすとしています。

　今年の農業白書は「貿易統計」から主な国・地域別の輸出額を示していますが、そこでは2012年でTPP交渉参加国向けは全体の26％に過ぎません。農水省は「農林水産物・食品の輸出促進に向けて」（2013年4月）を公表し、輸出の方向性で「重点化国・地域」としてTPP参加国のアメリカ、マレーシア、ベトナム、シンガポールも挙げていますが、大所は香港、台湾、中国、タイ、EU等で、アメリカがそれらに次ぐくらいです。現状も10年後も輸出の主な仕向先は決してTPP交渉参加国ではなく、その他のアジア諸国やEUです。つまり輸出戦略の相手先とTPP優先とは方向が違うのです。

　前述のように日本の国内食料市場は縮小していますので、海外に打って出るのは一つの方向であり、日本の外食産業、コンビニ等も多国籍化を図っています。しかし海外市場開拓するならTPP参加国より

もアジア・EUとのFTAを優先すべきでしょう。

　しかしもっと根本的な問題があります。食料自給率は、〈国内生産/国内消費〉で計算されますので、輸出が伸びても自給率は高まります。しかし常識的に考えて、国民が食べるから「自給」というのであり、輸出先の外国人が食べたから自給率向上とは誰も思わないでしょう。いわんや自給率39％と世界でも最低クラスの国が輸出で自給率向上というのはお笑いです。

　輸出も大切ですが、まずは国内市場の国産比率を高める、その意味での自給率向上が先決です。政府試算でもTPPで自給率を27％に落しつつ、輸出倍増を力説するのは力のいれどころを間違えています。それはあたかも城を明け渡し、城外に打って出て討ち死にしようとするようなもんです。

生産コストの低減

　「再興戦略」の「戦略市場創造プラン」に戻りますと、農業の競争力強化、所得倍増のために、「具体的には、まず……生産現場の強化」だとして、担い手への農地集積、耕作放棄地の解消、多様な担い手による農地のフル活用、生産コストの低減をあげています。そのため、①10年で農地の8割を担い手に集積、②米の生産コストを現状の60kg16,000円から4割削減（9,600円）、③法人経営体を4倍増する。④県段階に「農地中間管理機構」を作り、地域農地の相当部分を借り受け（準公有状態）、大区画圃場整備のうえ面的集積して担い手に貸し出す。所有者死亡などの耕作放棄地予備軍も同機構に委ねる。「人・農地プラン」も活用する。企業の農地賃借を完全自由化する。農業生産法人の要件緩和を検討する、というものです。

　このうち①については2002年の米政策改革大綱が水田について2010

年までに効率的かつ安定的経営に6割集積するとしていましたが、「現状約5割」にしか達していない状況の分析をしっかりしないで目標だけ8割にあげています。

　④の農地中間管理機構については次項で触れることにします。残るのは②③ですが、②については目標とされている生産コスト（自作地地代や自己資本利子も加えて全算入生産費）の削減目標は4割、水準にして60kg当たり9,600円です。

　これはどんな数字でしょうか。米生産費調査の最大階層である15ha以上層平均について2011年の数字をみますと、支払地代・利子込みの生産費は9,493円です。全参入生産費はもうちょっと高く11,080円ですが、現実の農業経営が自作地地代や自己資本利子まで実際に経営費に含めているかというと、法人経営等の損益計算書でもそうはなっていませんので、経営採算という意味で支払地代・利子込み生産費が現実的だとすれば、9,600円への引き下げということは、「15ha以上への規模拡大」ということとほぼ同義だと言えます。水稲作付面積15ha以上の調査農家の平均経営面積は田で29haですから、現実には30ha以上への規模拡大と言うことになります。

　さらにTPPとの関連をみれば、先の政府統一見解における農水省の計算では、現在の外米価格を60kg当たり7,000円としていますので、9,600円との差額は2,600円、10a当たり単収は8.7俵ですので、22,620円、米戸別所得補償政策、経営安定対策の固定部分の支払は10a15,000円ですから、やや差があります。

　しかし同統一見解における外米に置換されない国産米（差別化可能な米を除く）の現価は60kg当たり14,460円となっていますから、仮にこれを40％引き下げるとすれば、8,700円、外米価格との差は1,700円、単収8.7俵とすれば10a14,800円。現状の仕組みは標準生産費と標準価

格の差の補てんになっていますが、仮にこれを内外価格差の補てんという仕組みに変えれば、現状程度の15,000円の直接支払いでTPPによる関税撤廃が可能ということでしょう。

　要するに、〈平均15〜30ha規模への拡大→生産コスト4割削減→TPP〉という辻褄合わせ政策です。問題は第一に、それ以下の規模階層はどうするのか、「そんなことは知らない。規模拡大しかない」というのが答でしょうか。第二は、規模拡大層にしてもそれで農業所得倍増が果たせるか、です。生産コストの削減は、労働生産性の向上という「復興戦略」の大目的からすれば労賃部分の圧縮になりますから、それは農業所得倍増とは背反します。個別の経営単位でみれば［コスト削減率＜経営面積拡大率］とならない限り所得増にはなりません。いわんや倍増はきつい話です。その点については、前述のように農相は個別経営ではなく農業全体だと断わっていますし、だから6次産業化するのだと答えるでしょう。

3．農地中間管理機構と規制緩和

　さて農地集積の鍵は④の「農地中間管理機構」です。これは「攻めの農業」のなかで唯一リアリティがある、その意味で目玉といってもいいでしょう。それは農水省が深く関与しているからです。少し長くなりますので、項を改めました。

農地中間管理機構のアウトライン

　農水省「農地中間管理機構（仮称）の検討状況」(2013年8月)によれば、県知事が県段階に一つ、農地賃貸借に介在して農地利用の再配分を行なう法人（第三セクター）を設立し、具体的な実務は市町村に業務委託するというものです。具体的にはまず現行の県農地保有合理

化法人（県公社）の改組により対応するようです。

　その業務は、農地の賃貸借、農地の管理、土地改良その他貸付け条件の整備です。最後の点は、耕作放棄地についても、農業委員会が地権者に対して管理機構に貸す意思を確認し、所有者不明の農地は公告し、知事の裁定で管理機構に利用権を設定でき、管理機構は農地整備したうえで貸し出すようにするとしています。

　農地の借り入れは、農地の滞留を防ぐため、「人・農地プラン」で農地の集約化が見込まれる農地を借り入れ、貸付けに当っては、市町村に認定農業者や「人・農地プラン」の中心的経営体等の情報提供を求めるとともに、借り入れ希望者を公募し、農地利用配分計画を定めて県知事が公告し、公告をもって利用権が設定されたことにします。要するにこれまで市町村が農業委員会の決定を経て定めた農用地利用集積計画の公告をもって設定されていた利用権が、県知事の認可を受けた農地中間管理機構の計画の公告でできるようになります。

　機構には運営委員会、地域ごとの地域部会が設けられ、委員は認定農業者、中心的経営体（法人、家族経営、企業等の経営形態ごと）、学識経験者等で構成され、重要事項を議決するとされています。

　機構は実務を市町村等に委託でき、市町村は再委託できるとしています。

　以上が「検討状況」の概要で、今後、法改正も含めて具体化されていきます。

農地中間管理機構の問題点

　ところで、政権交代前の自民党政権の最末期の2009年の農地法改正では、このような中間的農地保有・転貸借方式を事実上しりぞけ、全市町村に農地利用集積円滑化団体を設置し、これが地権者から農地の

白紙委任を受けて農地を団地化して担い手に斡旋する（転貸借ではなく当事者の賃貸を斡旋する）農地利用集積円滑化事業を農地流動化の中核に据えたばかりです[12]。

　円滑化団体の多くは農協がなりましたが（農協5割、市町村3割、市町村公社1割）、農協が農地流動化を積極的に担うのは組合員組織の性格上不向きで、結局は相対取引を制度にのせるケースが主でした。つまりたんなる賃貸借の白紙委任・斡旋で団地的集積ができるというのは「絵に描いたモチ」に過ぎず、その意味では中間的農地保有・転貸借を行なう中間管理機構方式の提起は、より実効性のあるものといえます。しかしそこには次のような問題があります。

　第一に、前述のように農地利用集積円滑化事業が鳴り物入りで始まったばかりで、その事業評価もなされないまま、異なる方式が提起されるという農政の朝令暮改は、現場を混乱させるのではないでしょうか。

　両方式とも実態的には「人・農地プラン」が土台になりますので、いずれどちらかに整理されざるを得ず、また農地は一元的に管理しなければ団地化等はおぼつきません。そうなると農協は円滑化団体という登ったハシゴを外されることになります。

　日本の農地行政は制度のブレがない点で世界に冠たるものでした。しかるに最近のそれは、行き当たりばったり、首相が「農地集積バンク」と言えば、すぐにそちらになびくご都合主義で、ネコもおどろく「ネコの目農政」です。

　第二に、中間管理機構は実務を市町村等に再委託できるとなっていますが、「等」が曲者です。これは産業競争力会議で民間議員が農地利用集積円滑化事業を民間に開放しろと要求し、それを一部取り入れたものとされ、「信託銀行」の名があがっていますが（日農5月2日、

農水省「『攻めの農林水産業』の推進について」2013年5月)、場合によっては街の不動産屋に再委託可能です。それを「復興戦略」では「準公有状態」というのですから、恐ろしいものです。委託先の明確化・限定が必要です。

第三に、誰が借り手（機構が貸す相手）になるのか、誰が借り手を決めるのか、です。借り手については一応は「人・農地プラン」に位置付けられている者のようですが、他方では「公募」するともしており、株式会社等が応募する可能性も十分にあります。その場合には「人・農地プラン」と応募者の競合が生じる可能性があります。

産業競争力会議では「地域外も含め競争力のある者に優先的に貸し付ける」「優良農地から順番に優先的に貸し付ける」「農地は集落のものという考えを乗り越えるべき」という意見が出されたそうです（日農9月4日）。規制改革会議でも、「人・農地プラン」を法制化すると地元優先になり新規参入がしづらくなるという、企業参入の立場からの反対意見が出されています（日農9月13日）。

次に誰が借り手を決めるのか。運営委員会が重要事項として「農地利用配分計画」を決めるのだと思いますが、そうすると誰が運営委員になるかです。ここでも「中立の学識経験者等」の「等」が問題です。昨今の規制改革会議の議論等からすれば、当然に企業代表も「等」に入るでしょう。アメリカのこれまでの対日要求をみれば、アメリカ人まで参加させろと言うことになるかも知れません。

それは半ば冗談としても、東日本大震災被災地を歩いていますと、地元の農協等が知らないところで、県を通じて企業が農業進出するケースにぶつかりますので、そういう点が危惧されます。アベノミクス「攻めの農業」ではそれは大いに歓迎でしょう。

第四に、これまでも県公社の多くは農地保有合理化事業でも売買を

主とし、利用権は扱ってきませんでした。利用権だと手数料が少額で採算がとれないことがその背景にあります。利用権も扱ってきた県公社は、農地の団地化や集落農地等を一括借り上げて集落営農法人に転貸するなど、職員が地元の農業委員（会）等とともに献身的な努力をしてきました[13]。農地の会合は夜間に開かれることが多いからです。

　加えて中間管理機構は耕作放棄地等の農地整備費用も負担することになります。そうまでして団地化した農地も借り手がみつかるまでは管理耕作せざるを得ません（「検討状況」では「滞留」を防ぐ措置を考えていますが）。

　このような実費は当然に国が負担しないことにはこの制度は動きませんが、それは相当額になる覚悟が要ります（大区画化も含めて1,500億円の概算要求）。

　最後に、具体的な実務は市町村に業務委託され、市町村を中心に動かすことが基本とされていますが、それは貸付け先（借り手）の決定、農地利用配分計画の決定、公告といった権限の移譲を含むのでしょうか。そうなら現状に機構がのっかる形ですが、これらの権限が県の機構本体にあるとしたら、市町村、農業委員会や農協は「人・農地プラン」の作成段階での関与に限られます。また「人・農地プラン」が土台になるのであれば、地域が実質的に関与できますが、前述のように「公募」や運営委員会の人選によってはその保証はありません。

　そもそも利用権が農地法の適用除外が可能になったのは、利用権設定が地域における「集団的な同意」を得ているからであり[14]、その「集団」の範囲は本来は「むら」、制度上は市町村でした。それが県レベルでの「公告」により利用権設定ができるということになると、利用権という制度の発足の趣旨から外れることになります。

　県段階の中間管理機構の権限が強大になると、県段階に置かれた県

農業会議の存在感も薄れ、機構に事実上吸収されるか、下働きする存在になりかねません。農業委員会は、〈市町村農業委員会－県農業会議－全国農業会議所〉という系統組織です（それぞれの会員代表が上部組織のメンバーになる）。そして農業委員会が地域で活動するうえでいろいろのお手伝い、助言をし、必要な決定を行なっています。それが崩されていくでしょう。

　中間管理機構は、企業の参入を重んじるアベノミクス農政と、農地の地域自主管理というこれまでの農地管理方式との、せめぎ合いの場になるのではないでしょうか。

企業の農地取得の促進
　次に④の農地の規制緩和について簡単に見ておきます。
　企業の農地取得の完全自由化については、現状では法人の場合は業務執行役員の1人以上が農業常時従事等が条件になっていますが、それを外すということでしょうか。企業に所有権取得を認めるかは、財界代表の間でもまだ統一できていないようです。
　農業生産法人については、事業の過半が農業という業務要件、関連事業者の議決権は1/4以下という構成員要件、さらに業務執行役員の過半が60日以上農作業従事といった要件をとりはらうことでしょうか。そうなると、一般法人も農業生産法人も大差なくなり、結局は農業生産法人にのみ許されている農地の所有権取得を一般法人にも認めることに実質的になります。
　要するにこの項は、企業の農業参入や企業による農地取得に異常に力を入れた、「規制緩和」、「民間の力」依存、「官業の開放」路線の農政版です。

4．語られていない問題点―生産調整と直接支払い―

「攻めの農業」は、これまでの政策総動員のような総花的なものですが、肝心なことで全く語られないか、頭出しだけしかしていないものがあります。前者は米生産調整、後者は「日本型直接支払」です。前者は選挙前に米問題に触れたくなかったのでしょうし、後者はTPP絡みで大きく変ります。

生産調整をどうするのか

多くの論者が異口同音に強調するのは、米の生産コスト削減には「減反」（生産調整の俗称）をやめて、米を自由に作らせるべきで、そうすればコスト・価格の低下になると言うことです。なかには減反をやめれば内外価格差は逆転するという極論まであります（日経7月6日）。

実は生産調整は、21世紀の日本農政にとって「内なる課題」の最たるものです。グローバリゼーション・新自由主義・WTO体制下では、政策は市場に介入しないことが是とされます。「政策を行ないたければ市場外で直接支払いする」というのが原則になりました。しかるに市場に介入する政策の代表は価格政策であり、それが採りづらくなった時、価格政策の代替をしたのが生産調整政策ですから、それが新自由主義の目の敵になるのは当然でした。

米生産調整はそういう農政にとって喉にひっかかったトゲです。政権交代前の民主党は生産調整の廃止を主張していましたが、政権獲得後は、米の生産数量目標を守った農業者には戸別所得支払をするという形で、生産調整を選択制にしました。しかし実際には転作作目等を稲作以上に所得計算の上で優遇し、加えて飼料米、稲WCS（稲のホー

ルクロップサイレージ）等の新規需要米も優遇してきました。

　自民党農政も多少の変更は伴いつつも概ね継承していますが、これが早晩、問題になるでしょう。それは、以上のような農政基調に加えて、政権交代前の自民党の農相だった石破茂氏が政権再交代後の政権の中枢に座ったことに関連します。

　石破氏は政権交代による退任の直前に「米生産調整の第2次試算」を公表し、民主党政権への「挑戦状」ないしは「置き土産」にしました。それは、生産調整の強化、現状維持、緩和、廃止に分けてシミュレーションを行なったもので、石破氏は、そのうち「緩和」の1ケースを妥当としましたが、ここでは生産調整「廃止」のケースをみると、生産量は927万トンに増え、市場価格は9,729円（農家手取りは補填がある場合は11,660円、ない場合は8,251円）、財政負担は初年度3,562億円（米価下落対策）、水田面積215万haとしています（以上は日農2009年9月16日）。

　2009年に石破氏が「妥当」とした案は、その後の民主党農政に極めて近いものでした。その石破氏が今や政権の中枢に座りTPPを推進しています。そしてTPPで関税撤廃になれば、外国から安い米がどんどん入ってきますから、価格維持のために生産調整すること自体が無意味になります。石破氏は2009年当時、生産調整の「廃止」案は水田面積の大幅減等の理由から「直ちに採るべき政策ではない」としていましたが、今やTPPで現実味ができたというのが、ここで言いたいことです。生産調整を廃止した場合の市場価格と「攻めの農業」の生産費削減目標の9,600円とは奇しくも一致します。

日本型直接支払いについて

　直接支払いをめぐっては、TPP推進陣営から二つのことが言われて

います。第一は、TPPで関税撤廃し、農家には直接支払いをすればいいという、関税→直接支払い移行論です。第二は、直接支払いは「バラマキ」政策だからすべきでないと予め直接支払いを否定し封じる論です。どちらかといえば前者は一部財界等、後者は大手マスコミに多い論調です。第一の議論を先行させて、あとから第二でそれも否定するという二段構えのようです。

　自民党は野党時代に民主党の戸別所得補償政策に強く反発し、それに対抗するために「多面的機能直接支払い法」案を準備しました。法案では、多面的機能の便益が価格に反映されないので、適切かつ継続的な農業生産活動の促進を通じた多面的機能の発揮を図るため、一定区域内の農業者間の協定や認定農業者の計画を市町村長が認定した場合に、地目・地域・傾斜に応じた区分別の面積当たり単価の交付金を交付するとしています（中山間地域等は加算）。その単価は「農業の有する多面的農業の発揮の度合を考慮して定める」としています。

　2012年4月の「自民党の政策」（農業）では、民主党の農業者戸別所得補償制度の固定部分（10ａ15,000円）については、「水田のみならず、畑地も含め、中山間地域であるか平地であるかや、何を作るか（＝作目）も問わず、農地を農地として維持することに対しての直接支払い」に振り替えるとしています。

　「所得倍増10カ年戦略」も「日本型直接支払制度の創設」を掲げ、「米に特化した戸別所得補償制度を見直し」「農地を農地として維持するためのコストに着目し」、全ての地目について多面的機能を維持するための直接支払いを行い、これまでの中山間地域直接支払い、農地・水保全管理支払等も「加算措置」として法制化するとしていました。「日本復興戦略」も同様で、「新たな直接支払制度の創設の検討を行う」としていますが、「検討」とトーンダウンしています。

そこには、第一に、とにかく民主党の戸別所得補償の形を変える、第二に、多面的機能に対する支払として中山間地域直接支払いの平地版をつくるという２つの考えが混在しています。

　現実はどうかというと、民主党の戸別所得補償は農業者の評判も良く、自民党は「混乱をさけるため」として、以前の自民党の「経営所得安定対策」に名称変更しつつも制度を継続しており、2014年度から新たな制度に移行するとしていたものの、2014年度概算要求でもずるずると継続することになりました。

　要するに、「他党の政策は絶対にイヤ」という政権交代期の「政局農政」の典型で、拳は振り上げたものの、その落とし所がないのが現実です。問題は、第一に、そもそも多面的機能の発揮に政策根拠を求めるのは一つの考え方ですが、その単価を「多面的機能の発揮の度合に応じて」決める、すなわち算定根拠にすることなど出来ることではありません。第二に、仮に出来たとしても民主党の戸別所得補償に代わる直接支払い政策たりうるか、です。

　だからといって見送るかと言えば、TPPや所得倍増計画を控えて、それもできません。前述のように農業所得を倍増するといった時の、そもそもの元の農業所得に直接支払いが入っているのですから、何らかの手当が必要です。

　私は直接支払い政策は、価格政策の否定という意味で新自由主義的な政策であり、現実的な機能としては輸出補助金として作用する輸出大国本位の政策と考えています[15]。農業生産を通じる多面的機能の発揮は、生産そのものを環境にやさしくする必要はありますが、価格が生産費を償っていれば確保されるはずのものです。それが本来の市場メカニズムです。しかし日本でも、市場価格が恒常的に生産費を割り込み、さらにはFTAによる関税引き下げを見込めば、何らかの直

表2　日本の主な直接支払い政策の経験

政策	主な政党	主な対象作目等	支払額の算定根拠
A. 中山間地域直接支払い	自民	傾斜地	平場との生産条件格差
B. 経営所得安定対策（ゲタ）	自民	麦・大豆等畑作目	国内外との生産条件格差
C. 米戸別所得補償政策	民主	米	標準的な価格と生産費の差
D. 農業者戸別所得補償政策	民主	米、麦・大豆・新規需要米	Cによる米との所得均衡

接支払い政策を採らざるをえません。ですから争点は、やるかやらないかではなく、具体的仕組と水準の二点です。

　21世紀の農政で評判がよかったのは、中山間地域直接支払い政策と戸別所得補償政策くらいなものです。要するに政権党の如何を問わず、「直接支払い政策」なのです。そこで**表2**にこれまでの日本の直接支払い的政策を簡単にまとめてみました。

　日本で最初の直接支払いはAで、これは成功しました。次にBですが、自民党は、コメは関税で守られているとしてBにコメを含めず、米価下落を放置して選挙に負け政権交代になりました。その点をついた民主党は政権についてC→Dに拡げました。DはCの米所得を根拠にしていますので、元はCといっていいでしょう。

　要するにWTO協定における削減対象とならないこと等に配慮して政策技術上の工夫はそれぞれありますが、自民党であれ民主党であれ、政策の実体部分は、内外の生産条件格差に対する補償であり、生産条件格差は概ね生産費格差だといえます。両党の違いは政策対象を一定規模以上に限る選別政策を採るか否かにありました。

　直接支払いの元祖であるEUも、出発点は支持価格を国際価格なみに引き下げ休耕することによる農業所得低下の補償（compensate）から始めています[16]。その後のEUは支払い額の引き下げ、農村開

発政策への一部シフト、環境遵守（公共財供給）への根拠変更等、「補償」からの離脱をはかっていますが[17]、その原点は支持価格引き下げの「補償」にあることは拭えません。

　日欧ともに「支払」の根拠に多面的機能や環境遵守をうたってはいますが、それらは本来的に市場評価（貨幣計算）できるものではありません。そこで算定根拠（出発点）は究極のところ生産条件（生産費）の格差に行き着くのですが、生産費に関連づけるとWTO上の「黄の政策」（削減対象）になるので、多面的機能や環境遵守に対する支払を装っているに過ぎません。

　「装っている」といっても、別に変なことをしているわけではなく、市場経済にあって、その外部にあるもの（多面的機能）を評価しようとすると市場経済的な装いを採らざるをえないからです。

　かくして自民党農政が、そのA・Bの継承の上に直接支払いを仕組むとしたら、TPPで関税撤廃したら影響を受ける全作目に「補償」するしか道はない。

　自民党農政が当面する本来の政策課題は、民主党農政に野党的な（子どものケンカ的な）アンチをつきつけることではなく、自らの所得倍増や関税引き下げという国際環境にどう対応するかであり、そのような観点から直接支払い政策を構想する必要があります。

　TPPで関税撤廃となれば、政府統一見解でも農業生産は３兆円減るとされています。単純に先の農業所得率30％を適用しても、農業生産が３兆円減れば農業所得は９千億円減になります。しかし農業者の経営感覚では、まず物財費部分を価額から補填し、残りを農業所得に充てますから、農業生産額の減少３兆円はそのまま農業所得減として意識されますので、９千億円ではなく３兆円丸まるの補償が必要です。

　先に農業・農村所得倍増計画で３兆円の農業所得を倍増するには

2.4兆円足りないことを指摘しました。その一定部分は6次産業化の「恩恵」で埋められるとしても、ここでも直接支払いが求められることになります。それに対して2014年度の経営安定対策の概算要求は7,186億円ですから、厖大な予算が必要になります。それに耐えられないとしたら、まずTPPをやめる必要があります。

　自民党の「日本型直接支払い」は言うは易いが実に重い課題に当面しているのです[18]。

まとめ

　自民党「攻めの農業」はTPPの最中に、あたかもTPPがないかのごとくに選挙向けに構想されたものです。今後、TPPの交渉進捗に合わせて根本的な見直しを迫られるでしょうし、農水省の政策技術的な補強もなされるでしょう。

　そういう嵐の前の所得倍増戦略は、農業者の所得倍増というより企業参入による6次産業化に賭けているといえます。

　また生産コスト4割減は、水稲作付15ha以上、経営規模として30ha以上への規模拡大効果とほぼ等しく、その場合にはTPPで関税撤廃しても現行＋α程度の予算でしのげるという「TPP軟着陸」の「夢」が託されていることを指摘しました。

　それが現実的でないとすると、農業所得の維持増大、関税引き下げへの対応として、内外の生産条件格差を補填する直接支払い政策の仕組が不可欠です。

　これらが不確かな中で、農地中間管理機能を県レベル主体にするか地域主体に仕組むかが当面の政策的対決点になります。

Ⅲ．持続可能な農業・農村をめざして

　第Ⅰ章のTPP、第Ⅱ章のアベノミクス、それぞれ農業・食料を海外に委ねる、企業に委ねるという、農業者主体の農業を潰すものでした。それにどう対抗するか。本章では、国内の農業を取り巻く環境に視点をおいて、農業や農協等の課題を考えたいと思います[1]。企業の農業進出の促進や、それに抵抗する可能性のある農業団体への攻撃が当面の焦点です。

１．農業・農村の状況

TPPをめぐる世論と選挙

　朝日の世論調査では、2012年7、8月（郵送）にはTPPについて賛成44％、反対38％でした。その後、各種の調査で賛成が53〜60％まで増えましたが、参院選前の5、6月の調査では再び、賛成46％、反対38％となりました（朝日6月26日）。ほとんど膠着状態で、反対運動は一時の賛成多数をおし返したともいえますし、まだまだ浸透していないともいえます。改憲や消費増税への反対（ともに60％台後半）と対照的です。

　TPP賛成の理由は「輸出産業などが伸びるから」が54％、また反対の理由は「外国の食品の安全性に不安があるから」39％、「農業などに打撃があるから」37％でした。この間、尖閣諸島問題の報道が少し下火になっていたことが賛成理由に反映していると思われ、国民の意識の底には依然として日米同盟論が潜んでいると思います。反対の理由では、食料への影響が農業と並んだことが注目されます。私は前ブックレットでも、食料を前面に出す必要を指摘しましたが、いよいよそ

図3　朝日新聞世論調査によるTPP賛否

注：朝日新聞2013年6月26日による。

れが重要になりました。

　朝日の調査結果で少なからぬ人が注目したのは地域別の結果でした（**図3**）。これは農業者に限った調査ではありませんが、農業者に即して言えば、農業者の割合が高い地域ほど、農業主義県ほど反対、兼業化・大都市圏ほど賛成のようです。以上から、傾向を制するのは、第一に人口の4割を占める首都圏、第二に農業主義的かどうか、だといえます。

　ここで農協を取り巻く政治の状況と姿勢を顧みますと、民主党政権は、農協を自民党の政治基盤とみなして徹底的に叩きました。農協陣営は全方位外交に切り替えるなどしてかわそうとし、また2012年の第26回JA全国大会では、それまでのリストラ型経営に見切りをつけ、事業伸長型経営とそれを支える「支店拠点主義」に転じようとしました[2]。

　その方向は正しかったが、過去の総括なしでのそれは自らの組織体質を変えるものにはならなかったようです。2012年末の衆議院選では、自民党の、民主党が推進するTPPには反対というたんなる「政局的反対」にコロッとだまされました。

2013年夏の参院選も同じでした。自民党は選挙公約では「守るべきものは守り、攻めるべきものは攻める」という、要するに当たり前のことを言っただけで逃げ、一般の目にはふれない「J-ファイル2013総合政策集」に重要５品目を含む「聖域」が確保できない限り「脱退も辞さない」と書き込むにとどめ、農村票を総なめしました。全国農政連も推薦候補36人中32人が自民党候補でした（日農６月24日）。野党候補者を推すところは山形県のみで、あとはせいぜい与野党推薦、自主投票でした。大勢は自民党の消極的支持だったといえます。

　選挙での自民党大勝についての世論調査では、「自民が評価された」17％、「野党に魅力なし」（66％）（朝日７月24日）、「経済政策が評価された」16％、「他の政党よりまし」47％（讀賣７月24日）と異口同音でしたが、農村部１人区では、他に行き場がなく、「自民党にすがりついた」面がありそうです。

　07年参院選の自民党の１人区の勝率は21％でしたが、今回は29勝２敗、勝率94％の圧勝です。これは農村部１人区が純粋小選挙区制として機能し、その政権交代効果（より正確にはオセロゲーム効果）をよく発揮しているといえます。野党が多少とも議席をえられたのは都市部複数定員区と沖縄のみであり、沖縄は野党共闘の成果でした。この二点は今回の選挙の重要な教訓だと思います。**図３**と比べると、大勢としてTPP賛成が多い都市部でTPP反対の野党も議席を得たという「ねじれ」ですが、そこに選挙制度のあり方（複数定員選挙区ならTPP反対派も当選しうる）が反映しています。

公党の農協攻撃など

　農協陣営の自民党支持の大勢は変らなかったようです。しかし情勢は大きく変わりました。それは公党が選挙で農協批判をトップに掲げ

るという事態の出現です。「維新の会」は、「農協や医療法人といった特殊な法人の特権を認めず、競争原理を導入」「農協の機能の再定義」、そして「農業の成長産業化をめざす」項のトップには「農協の抜本的改革」を掲げました。

　より具体的だったのは「みんなの党」です。同党は「既得権益に切り込んだ大胆な規制改革」を旗印にし、「電力・医療・農業の３分野で闘う改革を進めます。電事連・医師会・農協の既得権３兄弟は『岩盤規制』を下支えしています」とし、「TPP後も持続可能な農業」では、「農協改革を断行。農協を農家支援部門とその他の保険及び銀行部門に分離。分離後の農協の保険及び銀行部門は金融庁所管とし、一般金融部門と公正な競争を実施します」と従来からの信用共済分離論をくり返しています。

　ある農政ジャーナリストが、公党が選挙公約のトップに農協「改革」というシングルイシューを掲げるのは「これまでの歴史になかったことだ」と指摘しますが、その通りだと思います。

　問題は農協批判が単独ではなく、経済成長、TPP推進、株式会社の農地所有権取得、減反廃止、農業委員会批判等とセットでなされていることです。そして問題はさらにその先にあります。自民党は選挙戦略としては表面だって農業・農協を刺激する表現を避けていますが、これらの政策セットの多くの部分が自民党のそれと重なります。

　今のところ自公政権は自民党が農村、公明党が都市を分担していますが、自民党の右旋回が公明党を振り切ることになれば、都市政党化が自民党の悲願になります。

　イェール大学のF.ローゼンブルースは、2005年総選挙の時点で自民党は農村部で票を失い、09年総選挙で農村部における票は盛り返していないとしつつ、「日本においては都市部の票こそが選挙の勝敗を決

する」「自民党の都市政党への脱皮は必ず起こることである。農村票だけに頼っていては、政権獲得は絶望的だというのが日本の現状だ」としています[3]。

　農協陣営はかつてガット・ウルグアイ・ラウンド（UR）時に、米自由化反対運動を展開しましたが、それに敗れてからは、政府・自民党との三者協議の枠組に押し込められ、その後の農政には無抵抗で、農水省主導の農協「改革」を押しまくられました。

　そのことを受けて、本章の元稿には「政治的に中途半端なTPP反対はどんなリアクションをもたらすのか」と書きましたが、案の定、朝日７月30日夕刊、31日の日本農業新聞に、「米手数料でカルテル　山形５農協に立ち入り　独禁法違反容疑」（朝日）の記事が載りました。さらに日経８月８日の社説は「農協によるカルテル疑惑ははじめて」「農家の負担増につながる可能性が高い定額制への切り替え自体に疑問」「公取委は山形県以外にも同じような動きがないか、徹底的に調査してもらいたい」としました。

　前述のように山形の農協陣営は唯一、TPP反対の野党候補を推薦しました。過去にも公取委が調査に入るのは政治と連動していることが多いので、恐らく関係者の多くはそう思ったでしょう。

　公取委が調査に入ったのは庄内５農協（旧全農庄内の全会員農協）とJA山形中央会、JA全農山形です。朝日によると、手数料が定率制だと米価下落で収入が減るので「公取委は、５農協が米価に左右されずに一定の手数料収入を確保しようと、定額制に切り替えたとみている。／手数料は本来、各農協が独自に決めることになっており、公取委は、カルテルにより農家が農協を選ぶ機会を奪われた可能性があるとみている」としています。これでは定額制移行のカルテルなのか、定額の金額のカルテルなのか、農家の選択機会を奪った容疑なのか、

不明ですが、全農は既に2007年から経済事業改革の一環として定額制移行を進めていますし、総合農協は農政の指示により１地域１つのエリア制ですから、「農協を選ぶ機会」を云々しうるのは複数農協に出荷している大規模経営ぐらいで、そういう経営はそもそも農協に出荷しないでしょう。つまり被害者がいません。日経は定額制自体が農業者の利益に反するとしていますが、にも関わらずそれは農家組合員自らが総代会で決めたことです。

　昔から庄内は一体ですから、わざわざカルテルを結ぶ行為が必要とも、またその意識があったとも思われませんし、手数料の決定自体が共同販売体制の一環であり、独禁法適用除外だと思います。規制改革会議で農協が俎上にあがろうとしている時、農協は表だって反論すれば、独禁法適用除外外し、地域独占制の廃止（同一エリアでの複数農協の競争体制）の議論に火をつけかねません。結局のところ、TPP反対候補支持が懲罰を受けたなと私は推測します。

　規制改革会議は農業分野の規制改革のためのWGを設置し、2013年内に結論を出す方向です。そこでは農協の独禁法適用除外、経営の透明性（コンプライアンス）、株式会社の農地取得問題、前述の農地中間管理機構のあり方、農業委員会等がテーマになります。また国家戦略特区WGでは、農業委員会については利害関係から農地流動化が進まない、外から新規参入を受入れにくい、第三者組織を設けるか、中立委員を増やすべきという提案がなされたそうです（全国農業新聞５月31日）。

　産業競争力会議も９月３日に農業分科会を設置し、農地中間管理機構のあり方、法人参入の促進、経営所得安定対策の見直し等を検討項目に挙げました。

　他方で農協の全国事業連の資本との提携が進んでいます。JA共済

連と東京海上日動火災が包括的な業務提携について具体的協議を始めることに合意したと報じられました。TPPとの関連を問われて「全く関係ない」と説明したといいます（日農5月24日）。その後の報道がないので、提携内容は不明ですが、恐らく一種の装置産業としてのクルマ等の損保分野の収益低下に対して提携による規模効果を求めたのでしょう。それ自体は商売の話ですが、第Ⅰ章でみたように、折からアメリカがTPPがらみで協同組合共済の民間保険とのイコールフッティングを熾烈に要求している時に、協同組合自ら共済と保険の垣根を取り払おうというのは、いかがなものでしょうか。

全農については「民間企業と共同出資で農産物の加工工場や配送拠点、レストラン等の運営に乗り出す」「農林中央金庫やみずほ銀行と連携して提携先の企業を探す」そうです（日経8月9日）。

第Ⅱ章で見たように、「日本復興戦略」では、農業等の「民間の創意工夫が活かされにくい分野」「そもそも民間が入り込めなかった分野で規制・制度改革と官業の開放を断行し」、日本を「世界で企業が一番活動しやすい国」にするとし、「企業参入の加速化等による企業経営ノウハウの徹底した活用」による6次産業化を軸にしています。「官業の開放」とは、準「官業」ともいうべき農協事業分野も入りましょう。それに対して全国連のTPP対策は資本の懐に飛び込もうとする戦略のようです。

農業構造の変化

「TPPがなくても日本農業は早晩崩壊する」というのがTPP推進派の口癖です。だからTPP推進もやむをえないといわんばかりです。推進派に限らず同様の言説は広くみられることです。確かに日本農業は今、存亡の淵に絶たされています。基幹的農業従事者の59.6％が65歳

以上です。今や75歳以上の最高年齢が最多階層で28.6％を占めます（2012年構造動態調査）。高齢者が5割以上の集落を「限界集落」とする定義がありますが、それをもじれば「限界農業」化ともいえます。

動態的には〈主業農家→副業的農家→自給的農家→土地持ち非農家〉の太い流れがあります。農家数の減少は、集落営農に形式的に参加しただけでも農家にカウントされなくなる可能性がありますので正確なところは分りませんが、「土地持ち非農家」のレベルでみると、90年代から5年ごとに17％、21％、10％、14％とかなりのスピードで伸びており、2010年は戸数にして137万戸、90年から77％も増えています。その所有農地の24％は耕作放棄され、耕作放棄地の46％を占めるまでになっています（2010年農林業センサス）。

いま社会通念的に土地持ち非農家も含めて「農家」としますと、2010年は390万戸で、2010年の農協正組合員数が407万戸ですから、かなり近似します。その構成は、土地持ち非農家35％、自給的農家23％で約6割、Ⅱ兼農家が25％を占めます。農業主業的な〈専業＋Ⅰ兼〉は17％に過ぎません[4]。

他方で農水省「農業経営構造の変化」（概ね2010年の数字）は、利用権設定面積（ストック）が21％に達し、担い手の利用面積は49.1％になり、土地利用型農業では20ha以上の経営体の耕作面積シェアが32％にのぼるとしています。

家族経営体については5ha以上に45％、20ha以上に26％が集積され、法人経営体の面積シェアも19％に達したとしています。

これらを踏まえて農水省の「『攻めの農林水産業』の推進について」（2013年5月）は「既に農業構造はかなり変化している」「構造改革の大きな節目の到来」としています。「農業構造の変化」が「構造改革」の成果ではないとしたら、正確には「農業構造の大きな節目の到来」

でしょう。それは「限界農業」化と表裏一体で進む変化です。

　私は2013年の前半、東日本大震災・原発被災地農村を歩いていますが、そこで共通するのは被災農家の６〜７割に及ぶ離農（志向）です(5)。高齢農家を襲った災害そのもののダメージ、１ha大区画圃場整備、流された機械の購入に対する補助は集団ではないと受けられない等は、小規模被災農家は離農を強いられざるを得ません。集落営農的に機械利用組合等を立ちあげる動きもみられますが、「むら」よりも「いえ」が強い東北では、西日本のような「地域ぐるみ」的な集落営農化ではなく、少数担い手農家の組織が集落の面倒をみる形が多いようです。

　被災地でもう一つ目につくのは、国県が率先してこの際に新技術の導入と６次産業化を図ろうとする点で、そのため企業の農業参入により、従来の土耕式ではなく、汚染された土を使わないですむ高設ベンチ・ロックウール養液栽培等の野菜工場を建設し、外食産業やスーパーチェーンと組んで販売しようとしています。これらは国県と企業の連携で、地元や農協に情報公開することなく、農家を参加させる場合も一本釣り的で、結果的に地域の土地利用を虫食い化しかねません。

　被災地の農業構造の変化の見通しや企業の農業参入と施設農業化などは、いってみれば「限界農業」化する日本農業の動向を、早送りし、あるいは凝縮してみせているといえましょう。

　宮崎県が県内農家に対する実態調査の結果を発表しました（農業共済新聞８月１日）。首相のTPP参加表明で将来の営農計画について、「規模縮小・営農断念」が18.5％、営農継続には「さまざまな取組みが必要」40.2％、「TPPの内容が分らない」19.4％、「自分の品目は影響を受けない」12.4％でした。「影響を受けない」は関税率の低い園芸作等と思われます（それもドミノ倒しになることは第Ⅰ章で指摘し

ました)。そのような作目の多い宮崎県にして、離農が2割弱に及ぶことが注目されます。

2. 農業・農村の課題

新規就農支援

「限界農業」化に抗するには、直接的には世代交代、農業者の安定確保と農業者自らによる地域農業の担い手の育成が欠かせません。

農業者の補充を数字で捉えたのが「新規就農者」です（以下、農水省「新規就農者調査」によります）。新規就農者は、2006年には8.1万人いましたが、2010年以降は5万人台で横ばいです。新規就農者は、自家農業に就く「自営農業就農者」（農業後継者）、法人等に常雇される「雇用就農者」、親の農地を譲り受けるのではなく独自に土地・資金を調達して営農開始した「新規参入者」の3つに分れます。

傾向的には後継者と雇用者が減り、新規参入者が増えています。2012年の構成は、それぞれ80％、15％、5％といったところです。

最も多いのは農業後継者で、その内訳は60歳以上の定年帰農が63％と最多で、39歳以下は18％に過ぎませんが、前年より8％増えています。

新規参入者は2011年に対して12年は43％も増えています。年齢別には図4にみるように39歳以下の伸びがほとんどで、同層は、2011年の38％から12年の51％へ伸びています。

なかでも後継者の39歳以下層と定年帰農層、そして若手の新規参入者が注目されます。このうち若手については農水省の青年就農給付金制度の開始が大きく影響しています。制度をそれなりに整えれば増えるというのは政策にとって貴重な教訓です。

同制度は45歳未満を対象として「経営開始型」と「準備型」（研修を受ける場合）があり、前者は年間150万円が最長5年支給され、後者

図4 新規参入者数の推移

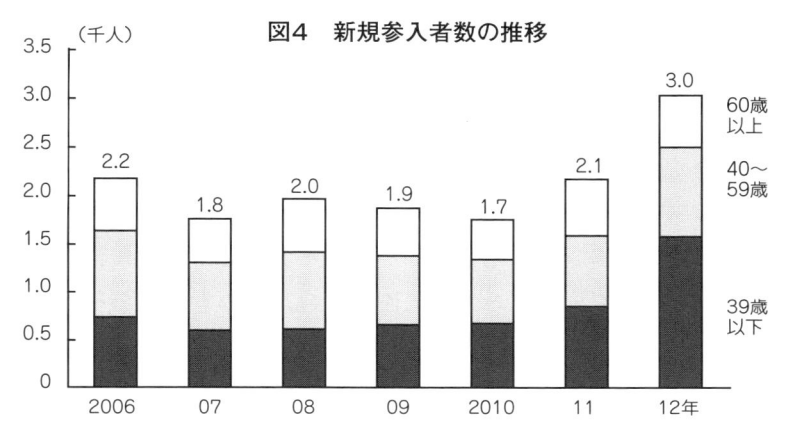

注：農水省「平成24年度新規就農者調査の結果」による。

は同額が最長2年支給されます。いろいろ厳しい条件がありますが、前者についてみると、後述する「人・農地プラン」に位置付けられること、農地の所有権あるいは利用権を有し、自己所有地と親族以外からの借地の合計が親族（3親等以内）からの借地を上回ることが要件になります[6]。自己所有地は購入を除けば親から農地所有権名義を移譲される必要があります。

　非常に人気の高い事業で、予算の倍額の応募があり、厳選になりました。2012年度の実績は準備型1,707人、経営開始型5,108人、男性86％、20代36％、30代32％、非農家出身66％です（農水省）。準備型で多いのは北海道、長野、経営開始型で150人を越すのは北海道、青森、山形、長野、福岡、熊本、宮崎、鹿児島、沖縄です。作目別は分りませんが、地域からして非水稲部門が多いと想われます。現実に最も担い手・後継者不足は土地利用型農業なので、ここが政策のウイークポイントです。

　農水省の市町村調査で、「満たせなかった客観的な要件」のトップ

は農地確保71％、経営主宰権26％、親元就農要件（5年以内）24％です。最後の点は親元就農の場合は5年以内に経営継承しなければならない点です。本人も親も若ければ、5年で経営継承（移譲）はきつい要件になります。借地も3親等以外の赤の他人の農地の賃借は、若手にはきつい要件です。国には150万円という助成をする以上は、条件をつけることについていろいろ言い分はあるのでしょうが、新規就農者を増やすという一点に政策目的を絞れば、もっと使い勝手のいい制度になるでしょう。

　新規就農支援については、国の制度以前から、また国の制度が始まってからもそれを補完する形で、自治体や農協の取組みがあります。

　例えば宮崎中央農協は、JA出資型法人「ジェイファームみやざき中央」が研修生を受け入れ、月10万円の助成を行ない、同施設で1年研修後に農地・ハウス等を斡旋して、これまで66人を受け入れ、ほぼ全員を就農させています[7]。

　長野県では自治体と農協が出資して農業担い手育成基金を作り、その運用益で里親研修制度（研修生は2年間里親農家に「奉公」しながら研修する。農家には年60万円支給）を行なっていましたが、リーマンショックで困難になりました。そこで2013年度から1億円の基金を創設して、農協が行なう就農研修費用を助成することにしました。農協が臨時雇用し研修を行なう場合、市町村が費用の5割以上を補助することを条件に農協負担額の1/3を基金から助成するというものです（日農5月13日）。

　同県下でも飯田市では、〈ワーキングホリディ→里親制度→新規就農〉という手堅い制度を整えており、また南信州農協は、組合員になった新規就農者の1年目の生産資材の2/3を助成します（機械は3万円未満）[8]。

また同農協で注目されるのは「帰農塾」の開設です。先にもみましたように新規自営就農者の2/3は60歳以上です。「おたくの後継者は何歳ぐらいですか」という質問に「60歳」という答が返ってくるのが現実です。農政は高齢者Uターンを構造政策を阻害するものとみなしていましたが、今や地元に帰った定年者が集落営農や直売所のリーダーになるのはよくあるケースです。定年帰農支援も大切な課題です。

集落営農（法人）化
　前述のように日本農業は「農業構造の大きな節目の到来」をむかえています。多くの論者は十年一日のごとく農村をみていますが、現実は激変しつつあり、農業構造は大きく変りつつあります。しかしそこには大きな問題があります。ごく少数の担い手に農地集積され、農家がそこに農地をあずけて離農してしまったら農業への関心を失い、農業集落・「むら」がカラッポになってしまうことです。農業構造の「危機」の解消が「むらの危機」に移転しかねないのです。規模拡大を果しつつ、多くの農家が「むら」の構成員であり続けるにはどうしたらいいのか。その一つの試みが集落営農だといえます。
　日本の構造政策は1960年代の農業基本法の時から、個別の規模拡大と協業の促進の二本立てでした。後者は日本農業が「むら」農業であることに即した日本独自の構造政策だといえます。もちろんドイツ等でも機械の利用共同等がみられましたが、市場経済下で経営まで踏み込む協業は日本独自のものといえます。この車の両輪がようやく動き出したのが今日です。
　ですから集落営農も「むら」規模での協業の組織化というのが本質であり、販売名義と経理の一元化では、協業としての集落営農へのステップにはなり得ても、ほんとうの集落営農とはいえないでしょう。

集落営農の多様な実態と段階（類型）分け、その課題については別に論じましたのでそちらに譲ります(9)。ポイントは二点。一つは、少数の担い手農業者が機械作業のオペレータと経営管理を行ないつつ、水管理・畦畔管理（畦草刈り）は構成員なり地権者農家に再委託等を行なう、機械作業と管理作業の分業再編の形が多いことです。これは集落営農が「むら」から自立した経営体になりきっていない「遅れ」とも言えますが、多くの「むら」人を何らかの形で農業に繋ぎとめ、農業者として「むら」に残っていくかたちとも評価できます。

　もう一つは、水田単作農業（米麦大豆）だけでは経営が成立たず、雇用者を入れた場合の周年就農も確保できず、また女性や高齢者の居場所がなくなってしまうなかで、多くの集落営農が野菜・園芸等の集約作部門や加工販売等の６次産業化を追求していることです。

　このいずれも人びとが農業に何らかの形で関わる形で「むら」に残りつつ、同時に規模の経済や複合化、６次産業化を協業的に追求していくかたちだといえます。

　農水省「集落営農実態調査」によると、集落営農の総数は2012年あたりから頭打ちし、任意組織が減り、法人が増える傾向になりました。できるところは集落営農化を果してしまい、その法人化が次の課題になっているといえます。法人化は集落営農の経営としての自立を強めることになりますので、先の「共存」を弱める方向にも作用しますが、経営体としての確立には法人化は必要です。

　他方で、後述する「人・農地プラン」を追求するなかで、まだ集落営農化の余地がないのか検討する必要もあると思います。

　集落営農は1990年代から本格化し、相当の年数が経ちました。集落営農化したからといって高齢化をまぬがれるわけではなく、なかにはオペレーターやマネージャーを確保できず、雇用者を経営者に取り立

てたり、そのための人材派遣業も生まれるようになりました[10]。集落営農という形での「地域農業の後継者確保」は依然として課題です。

「人・農地プラン」の取組み

「人・農地プラン」（以下「プラン」とする）は、菅内閣のTPPに向けた「高いレベルの経済連携」との「両立」を図るために打ち出され、自民党農政にも引き継がれています。

TPPとの両立ははじめから無理な相談ですが、グローバル化の今日、TPPのような極端なFTAを避けたとしても、前述のようにアジアとの多様なFTAへの取組みが必要になってきます。そのなかで関税の引き下げが避けられないとしたら、地域農業が今のままにとどまっていることはできません。前述のように地域農業の「限界農業」化も強まりました。

このようななかで「農政のラストチャンスかも知れない」という思いで、地域では農業振興にプランを役立てる取組みがなされるようになりました。

手続の流れは、市町村段階の「人・農地プラン検討会」で推進方針が検討され、「人・農地プラン（地域農業マスタープラン）」を作成する地域単位が決められます。そして地域単位ごとに策定されたプランが検討会の承認を得ることになります。

プランの政策メニューとしては、ａ．青年就農給付金（経営開始型）、ｂ．農地集積協力金、ｃ．スーパーＬ資金の実質無利子化があります。また関連施策として、ｄ．青年就農給付金（準備型）、ｅ．規模拡大加算等があります。このように、農地の利用集積関係だけでなく多様なメニューが含まれているので、平場水田農業地域だけでなく各地域で活用することができます。

とくにaなどは新機軸として、前述のように需要の高い政策で、多くの地域のプランは、端的に言えば「青年就農給付金を確保するための簡易なプラン」として出発しました。しかし最近では本来の農地集積等に取組むため、プランを２段階に分けて、段階的に取組む動きもみられるようになりました（日農８月19日）。
　しかし各地域での話合いは、はじめからストレートに「担い手への利用集積ありき」ではうまくいかないでしょう。なぜなら地域にとってのプランの真の意義は、その置かれた状況からして、20年後、30年後を見すえた「持続可能な農村づくり」に置かれるからです。そのために地域の老若男女が各戸、各人の生活設計をぶつけあって本音で話し合う必要があります。そしてみんなで話し合えば、プランは「地域の定住条件の確保」にならざるをえません。
　全体像の中で、各戸が家の農業、農地を５年後、10年後にどうしたら維持できるのかを話し合うことになります。それが狭義の「人・農地プラン」といえます。
　そうなると、どんな地域単位でプランを策定するかが決定的に重要になります。通常は集落（むら）でしょう。「『むら』の農地は『むら』で守る」という時の「むら」は農業集落でした。そこから前述の「集落営農」という言葉も生まれました。しかし過疎化や高齢化が進むなかで、とくに中山間地域等では集落の規模が小さすぎて、将来的にはリーダーや担い手等の確保に困難を来たすことが懸念されるところもあります。担い手に農地を集積しつつ、同時に兼業農家、定年帰農、直売所向け農業など多様な担い手の棲み分けと共生を図っていくには、ある程度の農地面積があるに越したことはありません。
　だから、今後とも集落単位でいけるところではそれでいいですが、大字（藩政村）、小学校区（明治村）、中学校区（昭和村）を単位とす

るなど柔軟に考えるべきでしょう。また担い手経営体によっては複数集落にまたがりかなり広い範囲にわたって活動している事例も見られ、それが狭い「プラン」で寸断されるのは現実的ではありません。農協も支店単位に「地域農業ビジョン」を策定するとしていますが、支店は平均的には中学校区に相当します。プランと農協のビジョンの地域が重なるに越したことはないでしょう。

2013年7月末現在のプランは作成は1,339市町村、8,139地域で終わりました。「一部地域がプラン作成の範囲を拡大した」と伝えられています（日農6月3日）。

これまでの事例では、集落営農（法人）が中心経営体の一翼を担うプランが圧倒的に多いようです。みんなで話し合えば自ずとそうなるのでしょう。集落営農法人に利用権を設定した場合は、規模拡大加算が交付されますが、その場合は農地利用集積円滑化団体を通じる必要があり、かつ任意組織時代の作業受託面積より拡大している必要があります。

今後、このような要件がどう変更されるのか不明ですが、地域をみんなで守るための話合いのきっかけとしてプランに取組み、それぞれの地域の持続可能な営農の体制を探って欲しいです[11]。

第Ⅱ章の農地の中間管理機構の項でみましたように、その仕組み方によっては、「人・農地プラン」が、今後の農地集積体制において、それが地域に根付くうえで決定的なポジションを占めることになります。そのため農政は、「人・農地プラン」を選別政策や企業参入のテコにしていこうとするでしょう。その意味で「人・農地プラン」は、農地集積を上から強引に進めるか、それともあくまで地域合意を大切にするかのせめぎ合いの場になります。

農協の課題

　秋以降、農業団体が規制改革会議等の俎上にのぼる可能性が高いと言えます。それは「攻めの農業」で企業の農業進出を図るうえで、つまり農村にビジネスチャンスを求めるうえで、農業者がまとまった組織が邪魔だからです。地域農業の持続可能性を確保するうえで農業団体のあり方が問われます。まず農協の課題からみていきます。

　第一に、政治状況から出てくる課題は、「55年体制」からの脱却であり、都市と農村の対立として把握されるような状況の止揚です。政党の農協攻撃を座視せず、断固として反論し、TPPについての農協陣営総体としての姿勢を疑わせるような事業連合会の行動を是正する必要があります。経済組織、自発的組織（アソシエーション）としての農協は政治から自立すべきです。

　第二に、経済状況から出てくる課題は、あくまでTPPに反対しつつ、同時並行的に進められるRCEPなどの対アジアFTA交渉にも備え、いずれ関税の引き下げは起こりうるものとして、適切な政策提案を行なうことです。今のところ多面的機能に着目して農地を農地と維持することに対する日本型直接支払いという点で、農協と自民党の政策は一致していますが、それは第Ⅱ章でみたように関税引き下げに適切に対応するものではありません。内外生産条件差（生産費差）を補償する（コンペンセイト）直接支払い政策の国際標準にたちもどった設計が求められます。

　また行政のバックアップを受けた企業の農業進出、地域農業囲い込みならぬスプロール化戦略に対して、地域ぐるみで対抗する戦略が必要です。そのためには農協主導の加工・販売戦略が求められます。今のところ直売所はそれなりに成功しているが、次の手が必要です。

　第三に、農業構造の変化から出てくる課題が多くあります。

①農協らしい新規就農者対策、定年帰農対策です。前述のように青年就農給付金制度ができましたが、親元就農には厳しい。また金銭給付だけで「むら」社会に定着できるわけではありません。農家内、地域内からかならずしも地域農業後継者を確保できない覚悟をしたうえでの取組みが求められます。

　ある農協では新規就農者の育成に努めてきたが、彼が自立して農産物をサラリーマン時代のつてで直売しようとしたら作物部会から拒否され、農協から脱退せざるをえないことがありました。こういう専属利用契約を金科玉条とする古い部会では新しい時代に対応できないでしょう。

　②株式会社形態の農業生産法人等への経営ノウハウ、異業種情報の提供等が求められます。農家は全会一致的な組合法人には慣れていても、社長・専務といった会社法人型の運営には慣れていないし、トラブルの元にもなります。企業マネジメントのノウハウを伝授しつつ、同時に会社法人が農協から離れていかないための努力が必要です。資材価格の値引きや、販路も大切ですが、彼等が欲しいのは異業種交流であり、異業種情報です。連合会も含めてそれらのニーズに応えられる体制が望まれます。

　③このような営農課題に応える上で、農協組織はどうあるべきか。前述のように第26回JA全国大会は支店拠点化構想を打ち出しました。支店拠点化は、広域合併農協内にいわば「小さな農協」を創る構えで、営農指導機能も備えた方がよいように思われますが、広域合併に伴う営農経済センター等の組織はそのままで、営農指導機能まで支店に備えると言うことでは必ずしもなさそうです。被災地のある農協ではどの地域でどんな順序でどんな施設復興を果すのかは、地域本部併設の営農経済センター長の協議で迅速適切に決っていました。組織や地域

対応のあり方は恐らく一律には決められないとすれば、それぞれの地域に即した営農指導の組織体制の構築が求められます。

　④農業構造は前述のように「大きな節目」にさしかかっています。「農家」の構成も、農業主業的な農家は２割以下、土地持ち非農家や自給的農家が６割を占める状況です。他方で規模拡大や法人化が進みます。かくして従来の等質的な農家からなる「むら」コミュニティは崩壊せざるを得ません。代わって新たなアソシエーション的な（自発的な）コミュニティを創らずしては、農村は滅びます。それはそこに住む人びとが全人格的に帰属するコミュニティではなく、広域的に拡散するネットワークのなかのコミュニティということになるでしょう。農協もまた、そのようなオープンなコミュニティの一翼を担う組織に脱皮する必要があります。既に准組合員が正組合員を上まわる状況が生まれています。准組合員・土地持ち非農家・自給的農家の間は非連続ではなく、自給的農家と販売農家の間もそうです。

　既存の農協組織の足元に起こっている事態を見すえれば、農協は農業者の共益組織から、このような連続する農村住民を幅広く迎え入れる、地域の誰にでも開かれた、という意味での公共的（オープン）な組織に発展していく必要があります。かといって生協化してよいというものではありません。自給率向上、地産地消、食育、農村文化等の目的を共有する農的な地域協同組合への脱皮が必要です。

　私は究極的には准組合員の正組合員化が望ましいと思いますが[12]、規制「改革」が吹き荒れている現状では、地域協同組合化は、農業関連事業と信用・共済事業の分離論を誘発することになりかねません。現状では制度改正よりも現行制度を活用し、離農し土地持ち非農家化する者を農協にとどめつつ、准組合員の農協への理解と関心を高め、彼等が実質的に農協の運営に関われるような実態的な仕組を作ってい

くことが大切だと思います。

農業委員会の課題

　農協と並ぶ農業者の組織が農業委員会ですが、そもそも何物なのかがよく理解されているとは言えません。農業委員会は戦後の占領政策なかで、アメリカから導入された行政委員会という形を取っています。行政委員会とは、行政が精通できないような専門分野について、選挙で選ばれた関係者（農家）の代表が精通者として一種の公務員になり行政に携わる組織で、元は公職選挙法によって選挙されていました。ポピュラーなものとして教育委員会がありますが、教育委員会は選挙制をやめ首長による任命制になってしまいましたので、選挙制という行政委員会の原型を保っているのは農業委員会だけになりました。

　ですから本来は農業者の知見を農地行政に反映させ実行する優れた組織性をもっています。農協理事も協同組合の組合員組織の代表として同様の性格をもちますが、「行政に携わる公務員」ではないし、農協の広域合併が進められる下で、その数も限定され、地域代表性が薄れました。農協OBの理事のなかには経営者のイエスマンもいます。それに対して農業委員会は自治体単位に組織されますので、自治体も広域合併して委員会と委員の数が減ったとはいえ、地域代表性をより強くもっています。

　このように本来的に優れた面をもつ組織ですが、実際には、議員、農協理事等の「農村ボス」の一役と自他からみられるなどして、真に地域の農業者の声を伝える機能が薄れたことも事実です。また農業委員は「農地法」の番人として、農地の転用、移動等の許可の法定業務に携わりますので、それで手一杯になってしまう面もあります。

　そもそも農業が専門の農業者が行政事務に携わることは容易なこと

ではありません。そこで農業委員会には事務局があり、自治体職員が担いますが、要員確保が難しい面もあります。非合併の小さな自治体にいくと1人の職員がいくつもの職を兼務している、その一つであることもあります。

　本来は適切な農地管理を行なうことが農業委員会の使命であり、それは今日では耕作放棄地対策であり、農地の適切な流動化・団地化ですが、農地移動が利用権形態に移り、さらに農地利用集積円滑化事業がうちだされるなかで、農業委員会の決定を経るものの、事業主体は市町村なので実態的に深く関わることがなくなり、肝心の今日的課題から遠ざかる結果にもなりました。そうなると転用許可の進達業務が前面に出て、農業委員は「実は自分の農地も転用してカネを稼ぎたいと思っているので転用許可に甘くなる」と言った謂われのない批判が、ほんとうは農地に関する規制緩和をしたい側から浴びせられたりしました。そこで農業委員に農業者以外を加えろだとか第三者委員会に変えろと言う規制改革サイドの声も強まるわけです。

　しかしそれは、利害関係が錯綜する農地について事情に精通した者が行政にたずさわるという行政委員会の原点を忘れ、農業委員会をたんなる利害調整の場に変えてしまうものです。農業委員会は今でも選挙制の委員とともに選任制で議会代表や農協・農業共済組合等からも委員が出るようになっていますし、選挙・専任を通じて女性委員も増えており（全国で2,000人強、5.7％を占めます）、幅広い人材の登用が可能です。

　農業者が選んだ農業者の代表が意見をいい、活動する組織として、農業委員（会）は今日的な課題に正面から応える必要があります。

　その第一は、農地の確保と適切な流動化・団地化です。私は農協が組合員組織であり、かつ経済事業を行ないながら、農地利用調整に積

極的に関与するのは難しいし、もちこまれたものを処理する程度にとどめた方がいいと思っています。

今回、県農地中間管理機構が創設されるのはよかったと思います。しかし第Ⅱ章でみたように、利用権設定が県知事による公告制になり、農業委員会のそれを必要としなくなると、せっかくの農地の公的管理が地域に根付かないものになってしまい、農水省と県の空回りになる恐れがあります。これまでの農地保有合理化事業の面的集積事業のように、県レベルの機構（県公社）と地元農業委員会が、がっちりとスクラムを組んだ事業展開が望まれます。

そのなかで農業委員（会）は積極的に農地移動に関与していく必要があります。そうしないと地域の農地がいつのまにか農外企業にいいとこ取りされてしまう危険性があります。ポイントは前述のように「人・農地プラン」の作成に農業委員がどれだけ主体的に関与するかです。

第二は、新規就農者の農地確保や「むら」定住を積極的に支援することです（前述）。とくに農地確保の支援に対する期待が大きいです。

第三は、これまで農業委員会は「ひと・のうち」の確保を使命としてきましたが、私は地域の「食」への取組みが必要だと思います。農業者の代表であるという特性を踏まえて、地産地消、食育、学校給食、直売所等に農家の声を反映させいてく新たな活動領域の開拓が必要です。

そのためには女性や若い農業者が委員になる必要がありますが、現役の皆さんはお忙しいので難しい面もあります。私がイギリスの生協の組合員組織を訪問した時、そこでは夕刻に理事（多くは現役男性）が集まってきて、用意されているワインと簡単な食事をつまんだ後、会議が始まり、2時間でさっと切り上げる。ワインもその頃にはさめ

ているでしょう。実態に即した会議のもち方として参考になりました。

まとめ

　農村は今、TPPやアベノミクスに翻弄され、またそれ自体「限界農業」化の危機に直面しています。農業構造も激変しつつあり、農外企業が農村の経済的な主人公になるのもあり得ないことではありません。そのなかで本章は課題の焦点を新規就農者の確保と集落営農（法人）化におきました。

　秋からの農業に対する攻撃はまず農業団体攻撃として始まるでしょう。そこでひるんだら敗けです。それをはねのけるには、攻撃への事実と実績に基づく反論とともに、農協にしろ、農業委員会にしろ、農業者の自発的組織、農業者が選んだ組織として、農業構造の変化に即応した新たな課題、地域ニーズに積極的に応えていく必要があります。

注

はじめに
（1）中井久夫「戦争と平和についての観察」『樹をみつめて』みすず書房、2006年。
（2）アベノミクスの「成功」が注目されているが、安倍の経済政策は、借り物のごった混ぜであり、安倍政権の本質は経済ではなく政治にあると見ている。それは形式合法、実態クーデタ政権である。集団的自衛権、内閣法制局長官人事、歴史解釈等、広く長く定着してきた事柄を恣意でひっくり返す。その政治については渡辺治『安倍政権と日本政治の新段階』旬報社、2013年。

　また消費税引き上げは、今回してもしなくてもそれぞれ別の形で経済と政権に大きな打撃を与えるが、政権としてはやるなら今しかないと見る。

第Ⅰ章
（1）伊東光晴「安倍・黒田氏は何もしていない」『世界』2013年8月号は円安の原因を為替操作に求めている。その真偽は不明だが、いずれにせよアメリカはTPP決着までは円安を黙認するが、TPP後は厳しい円安批判を始める。
（2）D.ハーヴェイ、本橋哲也訳『ニュー・インペリアリズム』青木書店、2005年。
（3）しんぶん赤旗経済部『亡国の経済』新日本出版社、2013年。
（4）J.A.ベーダー、春原剛訳『オバマと中国』東京大学出版会、2013年。ベーダーは2009～2011年のオバマ政権の国家安全保障会議（NSC）のアジア担当上級部長。
（5）中野剛志編『TPP　黒い契約』集英社新書、2013年、第2章（関岡英之）は、2013年2月7日の自民党の「TPP交渉における国益を守り抜く会」に呼びつけられた外務・経産官僚が、「『聖域なき関税撤廃』を前提とする限り交渉参加に反対する」というのが政府の方針で、非関税障壁分野の5条件には絶対に言及しなかったという「奇異な光景」を紹介している。

　高市政調会長も非関税障壁は「めざすべきもので公約ではない」としている（朝日7月14日）。
（6）前掲・中野編著は最も要を得た文献である。とくに第3章（ISDS、岩月浩二）、第4章（金融、東谷暁）、第5章（医療、村上正泰）。

（7）拙編『TPP問題の新局面』大月書店、2012年、序章（拙稿）
（8）前掲・田代編著、第2章（磯田宏）。村松加代子「地域建設産業の発展をさえぎるTPP　政府調達の『非関税障壁』撤廃を狙うアメリカ」『建設政策』2013年7月号。
（9）2012年1月10日に首藤信彦衆院議員（当時）がICSIDを訪問した際も、事務局長は米韓FTAを「ISDSの仕組の全体像を理解するには格好の資料」としている。なおISDSについては前ブックレットも参照。
（10）ローリー・ワーラック、トッド・タッカー（パブリックシチズン世界貿易監視部門）、田所剛、田中久雄訳「TPP投資条項に関する漏えい資料の分析」2012年6月13日（http://antiTPP.at.webry.info/201206/article_9.html）
（11）斎藤誠東大教授は「紛争解決が国内裁判所の手を離れ、立法府や国民からみれば、自分があまりコミットできないところで国内規制やサービスについての判断が下される問題でしょう。……同様の仲裁裁判が下されることになると、国内の仕組を変えざるを得なくなる」と『ジュリスト』2012年7月号の座談会で指摘している。
（12）玉田大「TPPにおける投資保護と投資自由化」『ジュリスト』2012年7月号。
（13）同上。
（14）「『TPPは憲法より上だから』とはっきり言ったら、日本は憲法があるのに独立国家ではないことがばれてしまう」（内橋克人・A.ビナード「日本国憲法は最高級のレシピ本！」『世界』2013年9月号のビナード発言）。なおTPPが憲法違反であることは磯田宏がつとに指摘している（前掲・田代編著、第1章）。
（15）本田技研の渉外担当部長は次のように述べる。「新興国のニーズに合致した商品の供給には、開発や生産を一段と現地化していく必要がある。……豊富な対外資産をベースとした配当や利子所得に加え、フローとしてロイヤリティでかせぎ、所得収支、更には経常収支の黒字を確保していくことは、将来の成熟した日本のあるべき一つの姿であろう」（http:ww.mof.go.jp/pri/resarch/conference/zk097/zk09706.htm＃06）。またアベノミクスの「クールジャパン」の強調もサービス貿易をめざしている。
（16）グローバル化時代の資本の基本的傾向は「脱ナショナル化」せざるを得ないが、それでもなおトヨタは研究開発・人材育成等の本社機能を海外移転させていない。現実には脱ナショナル化とナショナルなもの

がせめぎ合っており（「日本を『捨てる会社』『捨てない会社』」『週刊現代』9月7日号）、TPPは前者に拍車をかけるものといえる。
(17) S.サッセン、大井由紀他訳『グローバル・シティ』筑摩書房、2008年。
(18) 木村雅昭『「グローバリズム」の歴史社会学』ミネルヴァ書房、2013年、82頁。
(19) D.ハーヴェイ、本橋哲也訳『ニューインペリアリズム』(前掲)。
(20) 中村十念・坂口一樹「TPP　本当のところはどうなんだ？」『世界』2013年5月号。
(21) 本章はTPPに絞ったが、通商交渉ではそのほか日中韓FTA、RCEP等があり、いずれ新興国・途上国も含めたWTOの交渉も再開する。なかでもRCEP（東アジア地域包括経済連携協定）は、ASEAN10カ国、日中韓、インド、オーストラリア、ニュージーランドの16カ国からなり、世界人口の半分弱、世界のGDPの3割弱を占める。2014年8月にモダリティ（交渉枠組み）合意、2015年内の妥結をめざしている。RCEPは政体や経済発展段階の大きく異なる国々を含み、各国の重要品目に留意するなど、非関税障壁も含めて柔軟な対応をとらざるをえない。東アジア共同体に向けての一つの歩みとして注目される。

日本は、全ての通商交渉において統一して追求できる理念を明確にする必要があり、それは2000年WTOに本提案の「多様な農業の共存」につきる。

第Ⅱ章

(1) この間の農政をリアルタイムで追跡したものとして梶井功『"開国"農政への危惧』筑波書房、2013年。この間の農政が結局「大同小異」を争ってきたことを如実に物語る。
(2) 安保条約の核心は、日本の米軍基地を日本防衛だけでなく「極東における国際の平和及び安全の維持に寄与する」（安保条約第6条）点にあり（久保文明編『アメリカにとって同盟とはなにか』中央公論社、2013年、第1章（久保文明稿））、小鳩内閣はその点に触れてしまった。
(3) 拙著『反TPPの農業再建論』筑波書房、2011年、Ⅵ。
(4) アベノミクスについてはさしあたり農文協編『アベノミクスと日本の論点』農文協、2013年、二宮厚美『安倍政権の末路』旬報社、2013年。
(5) 伊東光晴「安倍・黒田氏は何もしていない」(前掲)、二宮・前掲書。
(6) 池尾和人『連続講義・デフレと経済政策』日経PB社、2013年。
(7) 香西泰「高度成長期の経済政策」、猪木武徳他編『日本経済史　8

高度成長』岩波書店、1989年。
（8）本書では「成長政策」を専ら「復古」と捉えてきたが、脱稿後、フランスの気鋭の経済学者D.コーエンの「儚い夢であるにせよ、経済成長こそが、自分の既存の条件から抜け出し、他者に追いつき、自分の期待を叶えるという希望を与えてくれるのだ。……現代社会は、経済的な豊かさよりも、経済成長に飢えているのだ」。しかし高度経済成長は永続しない。なぜなら「アメリカに追いつくという戦略の終焉」だからだ（同、林昌宏訳『経済と人類の一万年史から、21世紀世界を考える』作品社、2013年）という指摘に接した。安倍の成長戦略には「復古」以上の意味と錯誤がありそうだ。
（9）日本は1980年代以降、当初所得の格差を拡大しつつ、税・社会保障費を通じる所得再配分により再配分所得格差を抑えてきた（厚労省「所得再配分調査」）。これが政府や主流派経済学のいう「所得再配分」だが、ここではもっと広い国家の所得再配分機能を指している。政府のそれは、1990年代以降、所得が減るなかで、国民の税.・社会保障負担が強まってきたことを意味するに過ぎない。アベノミクスもその方向を強める。
（10）同紙は、農業所得が３兆円から４兆円に、６次産業化の取り分が1.7兆円、補助金３千億円で、農業所得倍増の６兆円は「望めないこともない」としている。
（11）拙稿「被災地農業の復興と農協の役割」『協同組合研究誌にじ』2013年秋号。
（12）2009年農地法改正の内容については拙著『混迷する農政　協同する地域』筑波書房、2009年、第２章第３節。
（13）拙稿「農地保有合理化事業を通じる面的集積体としての集落営農」『土地と農業』No.43、2013年。
（14）拙著『農地政策と地域』日本経済評論社、1993年、第８章。
（15）拙著『農業・食料問題入門』大月書店、2012年、第８章。
（16）村田武「日本型直接支払いへの提言」『月刊NOSAI』2013年３月号。
（17）安藤光義「EU農政改革の方向―次期共通農業政策を巡る議論―」『農業・農協問題研究』49号、2012年。
（18）多面的機能直接支払いは農地に対して支払われるが、TPPで関税撤廃になれば、畜産も大きな被害を受け、それは農地に対する支払では手当てできない。「自民党J-ファイル2013　総合政策集」では「畜種別の経営安定対策」が掲げられている。

第Ⅲ章
（1）全体的な課題については拙著『反TPPの農業再建論』(前掲) 第Ⅶ章。
（2）拙著『地域とともに生きる農協をめざして』農業・農協問題研究所、2012年。
（3）F.ローゼンブルース他、徳川家広訳『日本政治の大転換』勁草書房、2012年、エピローグ。ちなみに本書の副題は「『鉄とコメの同盟』から日本型自由主義へ」。
（4）拙著『農業・食料問題入門』(前掲) 第9章。
（5）拙稿「被災地農業の復興と農協の役割」(前掲)。
（6）脱稿後、「親族農地で認可へ」と農水省が要件緩和を検討していることが報道された（日農8月26日）。農水省は「人・農地プラン」でも農地集積協力金（離農等した場合の協力金）の交付に、所有している主要機械の廃棄・無償譲渡を義務づけ、後に撤回した。現実に合わないことを訂正するのはいいことだが、官僚的立案そのものが問われる。
（7）拙稿「担い手経営の規模拡大に関する調査報告書」『土地と農業』No.42、2012年。
（8）拙稿「持続可能な中山間地域に向けての自治体・農協の課題（1）」『農業・農協問題研究』51号、2012年。
（9）拙著『集落営農と農業生産法人』筑波書房、2006年、同『地域農業の担い手群像』農文協、2011年。
（10）拙稿「農地保有合理化事業を通じる面的集積体としての集落営農」(前掲)。
（11）「人・農地プラン」の多様なとりくみと問題点については『農業・農協問題研究』51号（2013年3月）が特集している。
（12）拙編著『協同組合としての農協』筑波書房、2009年、第10章（拙稿）。

あとがき

　本書は、前ブックレット執筆（2013年4月中旬）以降に農協協会『農業協同組合新聞』、建設政策研究所『建設政策』、全農協労連『労農のなかま』、『協同組合経営実務』、JC総研『にじ』、農文協『地域』等に書かせていただいたものを一部利用しています。

　情報は8月末までを基本としつつ、9月中旬まで最小限フォローしました。

　執筆に当たり、主に朝日、讀賣、日経、赤旗、農業関係各紙を利用しました。岡田知弘氏（京大）、伊藤正直氏（大妻女子大）、農業・農協問題事務局員各位には不明点についてご教示いただき、磯田宏氏（九大）、東山寛氏（北大）からは海外情報等の発信を受け、松﨑めぐみさんには資料収集と校正でお世話になりました。筑波書房の鶴見治彦氏には迅速に制作していただきました。

　以上を記して深く感謝申し上げます。

著者略歴

田代　洋一（たしろ　よういち）

1943年千葉県生まれ、1966年東京教育大学文学部卒、農水省入省。横浜国立大学経済学部等を経て2008年度より大妻女子大学社会情報学部教授。博士（経済学）。

近著に『地域農業の担い手群像』（農文協）、『農業・食料問題入門』（大月書店）、『安倍政権とTPP―その政治と経済―』（筑波書房ブックレット）等。

筑波書房ブックレット　暮らしのなかの食と農 ㊺

TPP=アベノミクス農政―批判と対抗―

2013年10月7日　第1版第1刷発行

　　　著　者　田代洋一
　　　発行者　鶴見治彦
　　　発行所　筑波書房
　　　　　　　東京都新宿区神楽坂2-19 銀鈴会館
　　　　　　　〒162-0825
　　　　　　　電話03（3267）8599
　　　　　　　郵便振替00150-3-39715
　　　　　　　http://www.tsukuba-shobo.co.jp
　　　定価は表紙に表示してあります

印刷／製本　平河工業社
©Yoichi Tashiro 2013 Printed in Japan
ISBN978-4-8119-0428-3 C0036